株式会社アンク 著

全民學程式設計

從插畫學

感謝您購買旗標書,
記得到旗標網站
www.flag.com.tw
更多的加值內容等著您…

<請下載 QR Code App 來掃描>

1. FB 粉絲團：旗標知識講堂
2. 建議您訂閱「旗標電子報」：精選書摘、實用電腦知識搶鮮讀; 第一手新書資訊、優惠情報自動報到。
3.「更正下載」專區：提供書籍的補充資料下載服務, 以及最新的勘誤資訊。
4.「旗標購物網」專區：您不用出門就可選購旗標書!

買書也可以擁有售後服務，您不用道聽塗說，可以直接和我們連絡喔！

我們所提供的售後服務範圍僅限於書籍本身或內容表達不清楚的地方，至於軟硬體的問題，請直接連絡廠商。

● 如您對本書內容有不明瞭或建議改進之處，請連上旗標網站,點選首頁的 讀者服務 ,然後再按右側 讀者留言版 ,依格式留言，我們得到您的資料後，將由專家為您解答。註明書名(或書號)及頁次的讀者，我們將優先為您解答。

學生團體　訂購專線：(02)2396-3257 轉 362
　　　　　傳真專線：(02)2321-2545

經銷商　服務專線：(02)2396-3257 轉 331
　　　　將派專人拜訪
　　　　傳真專線：(02)2321-2545

國家圖書館出版品預行編目資料

全民學程式設計 - 從插畫學 C 語言 / 株式会社アンク 作；林克鴻 譯. -- 臺北市：旗標, 2018. 1 面；　公分

ISBN 978-986-312-500-6 (平裝)

1. C (電腦程式語言)

312.32C　　106021758

作　　者／株式会社アンク
翻譯著作人／旗標科技股份有限公司
發 行 所／旗標科技股份有限公司
　　　　台北市杭州南路一段15-1號19樓
電　　話／(02)2396-3257(代表號)
傳　　真／(02)2321-2545
劃撥帳號／1332727-9
帳　　戶／旗標科技股份有限公司
監　　督／楊中雄
執行企劃／林佳怡
執行編輯／林佳怡
美術編輯／林美麗
封面設計／古鴻杰
校　　對／林佳怡

新台幣售價：380 元
西元 2022 年 9 月 初版 7 刷
行政院新聞局核准登記-局版台業字第 4512 號
ISBN 978-986-312-500-6

序

本書是C語言的入門書，所謂C語言，即使是在為數眾多的程式語言中，它的存在也有如世界級選手般廣為人知，是非常普及的程式語言。然而說實在的，C語言並非是簡單的程式語言，在閱讀本書並嘗試挑戰C語言的讀者當中，或許也有人會覺得很困難而中途放棄。

到底寫程式的困難點在哪兒呢？其中一點是「程式的建構」，換言之就是在實現某項功能時，應該要用什麼樣的程式碼來建構。這部分雖然累積越多經驗就越有利，不過能否融會貫通並運用自如，的確會因人而異，因此也需要一定程度的天份。

話又說回來，許多人在更早的「理解程式語言結構」階段就已經陷入了瓶頸。其實程式語言本身是創作者在多方嘗試後，帶著「這應該是最順暢實用的寫法吧」這樣的想法從錯誤當中逐漸誕生而成的內容。雖然已熟知的人想必會覺得這部分概念既基本又理所當然，但對還沒學過的人來說往往難以理解，對於每個程式語言的執行結果甚至會感到不可思議。

實際上我在教授初學者程式語言的知識時，常常會有很難帶讀者融入情境的困擾。相信一般人在看待程式語言，大多會覺得它是個充滿理論的一板一眼作業，但其實作業時也必須帶有想像力才行。特別是C語言，其中有些是初學者不易理解的主題，若不確實養成對程式語言執行過程的想像力，必定很快就會覺得學習之路困難重重。

本書適合對C語言或程式語言完全沒有任何基礎的初學者來閱讀，文章內容會以圖文並茂的形式進行解說，藉此讓每位讀者在瞭解程式語言的執行流程或學習指標和記憶體構造等比較艱澀的內容，都能從相同的角度看見程式設計師眼中的景象。不管是無法理解其他相關書籍內容而感到懊惱的人，或是在學習過程中感到一知半解而尋求解惑的人，必定能讓各位看清楚C語言的面貌。

此系列的第一本書「Cの絵本」2002年在日本問世後便受到廣大讀者們的青睞與支持，連帶也讓這本第2版得以問世。內容不僅結合了現在最新開發環境的資訊，也在更為簡單易懂的解說方式下了一番工夫。

誠摯希望本書能為各位讀者們開啟學習的大門，一同走進C語言變化萬千的魅力世界。

2016年11月　作者謹識

本書的 範例程式

本書各章的範例檔案是以頁碼來命名，請透過瀏覽器（如：IE、Firefox、Chrome、…等）連到以下網址，下載並解壓縮檔案到您的電腦中，以便跟著書上的說明進行練習。

範例下載網址：http://www.flag.com.tw/DL.asp?FT702

範例檔案的開啟與執行

C 語言的程式碼其副檔名為 *.c，要執行程式得安裝編譯器才行，您可以參考第 9 章的說明安裝 Visual Studio，或是自行從網路下載「Dev-C++」這套軟體，來開啟與執行程式。之所以推薦「Dev-C++」是因為其操作界面單純，初學者容易上手，您可以從網路上找到該軟體的相關操作介紹。

下載、安裝 Dev-C++ 後，執行『**開始 / 所有程式 /Bloodshed Dev-C++/Dev-C++** 命令，就可開啟軟體。開啟軟體後，執行『**File/Open**』命令，就可開啟書中的範例程式：

» 本書特色

● 本書是以兩頁的跨頁為單位來介紹單一主題，這樣的編排不僅可避免讀者們對於各個主題的印象變凌亂，同時也有助於日後回頭尋找書中特定的內容。

● 在各個主題中會極力避免使用艱澀的說明內容，即便碰上困難的技術也會透過插畫讓讀者掌握其中的情境與概念。比起細部的內容，閱讀過程中建議同時在腦海裡刻畫出整體的樣貌，相信會帶來更理想的效果。

» 閱讀對象

本書不僅適合首次學習程式語言的讀者，也推薦給過去曾經挑戰但卻遭遇挫折，或是雖然瞭解些許知識，但希望能重新打穩基礎的讀者來閱讀。

» 本書的表示方法

以下為書中各種格式與特殊字體的意義。

【範例與執行結果】

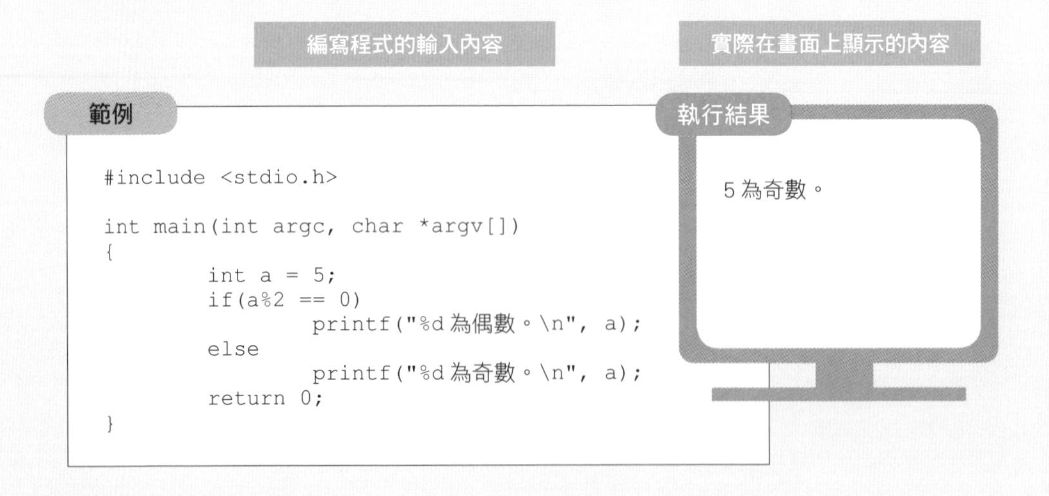

【字體】

黑體（Gothic）：重要的名詞

List Font：編寫程式時實際使用的文字或名詞

List Font：List Font 當中特別重要之處

【其他】

●本書中的中文名詞可能會有其他的譯名，讀者可以對照英文名稱來做理解。

●書中電腦與各種應用程式的內容或截圖等，可能會因為作業環境的不同而有差異。

Contents 目錄

C語言的基礎知識講座

第 1 章 基本的程式

第 2 章 運算子

第 3 章 迴圈控制

第 4 章 陣列與指標

第 5 章　函數

第 6 章　檔案的輸入與輸出

第 7 章　結構體

第 8 章　程式的結構

第 9 章　附錄

C語言的
基礎知識講座

C 語言的地位

想讓電腦以內心預期的方式運作，必須透過電腦聽得懂的語言來告訴它怎麼做，這個語言就叫做「程式語言」。本書所介紹的 C 語言不僅是程式語言之一，普及程度也堪稱程式語言的代表。

C 語言是在 1972 年左右為了開發 UNIX 系統而誕生，雖然在眾多電腦程式語言當中算是比較古早的類型，但靠著它那優秀的語言結構，從大型電腦主機到家用個人電腦，在各式平台上都能看見它活躍的身姿。

隨著電腦的普及，像是 BASIC、Java、Perl 等，有許多更簡單易懂而且功能便利的程式語言相繼登場，即便如此，C 語言至今仍保有它的威嚴與高度，其理由如下所示。

可細膩的控制程式	像是 BASIC 等，雖然能輕鬆編寫程式而無須留意小細節，但對於程式語言系統既定的基本部分比較難再做調整，而 C 語言，則比較容易深入系統的細節部分來編寫程式內容。
可移植性高	採用美國國家標準協會（ANSI）所訂定的標準規格，因此原始碼有著高度的互換性，即使在 UNIX 與 Windows 等不同的作業系統間也能輕鬆通用原始碼。再加上程式語言本身的普及，相關知識也非常豐富齊全。
編寫容易	相較於其他的程式語言，編寫方法比較柔軟而且符號性強，雖然對於首次接觸的人來說或許比較難以理解，不過只要理解之後，即便是簡潔而便於編寫的內容也能看得懂。

雖然 C 語言的學習並不簡單，但因為許多程式語言都是以 C 語言做為基礎架構，只要學會 C 語言的知識，日後必定能活用到其他的程式語言上。

C 語言的作業環境

關於 C 語言的程式，基本上是在 UNIX 等 CUI（命令列介面）的作業環境下運作。若是在 Windows 等 GUI（圖形使用者介面）的作業環境下，必須啟動**命令提示字元**視窗（DOS 指令模式）後再執行。

GUI

畫面上會有視窗、圖示和按鈕等元件，可以透過滑鼠進行操作。

CUI

在只有文字的畫面（主控台畫面）中，透過鍵盤輸入指令的方式來操作。

在『命令提示字元』視窗下執行程式

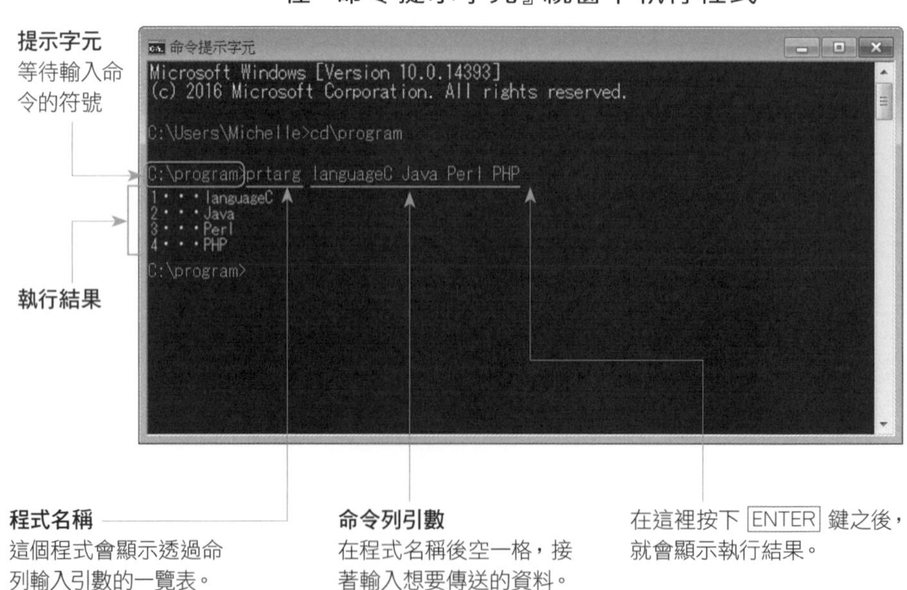

提示字元
等待輸入命令的符號

執行結果

程式名稱
這個程式會顯示透過命列輸入引數的一覽表。

命令列引數
在程式名稱後空一格，接著輸入想要傳送的資料。

在這裡按下 ENTER 鍵之後，就會顯示執行結果。

相較於 GUI，CUI 的作業環境在外觀上給人難以親近的感覺。而在看到接下來編寫的程式後，再拿來和市售遊戲軟體或試算表軟體等應用程式做比較，或許更有天差地別的感覺。不過其實只要使用 C 語言與專用的軟體開發套件，讀者同樣能夠編寫出那樣的軟體。

從編寫程式語言到執行為止的流程

想要編寫程式語言，並非只要有一台電腦就好。首先必須要有能夠編寫 C 語言的「文字編輯器（有如 Windows 上的**記事本**等）」，接著要將 C 語言的原始程式轉換成電腦看得懂的話語（機械語言），以 C 語言來説就需要準備「**編譯器**（compiler）」。現在已有將文字編輯器與編譯器整合在一起的軟體（Microsoft Visual Studio 等），詳細內容請見附錄。

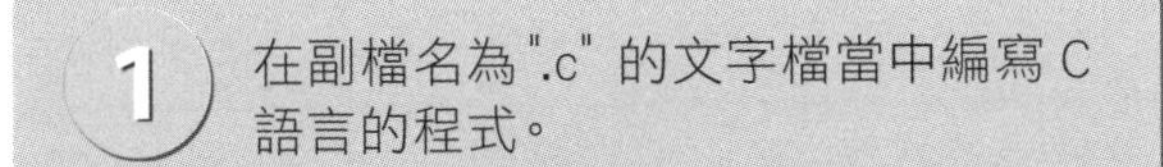

由文字編輯器所編寫的程式內容稱之為**原始程式**（source program），而其檔案則稱之為**原始檔**（source file）。

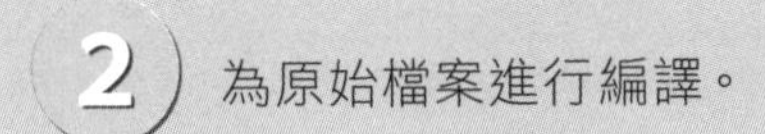

由編譯器所建立的檔案稱之為**目的檔**（object file）。

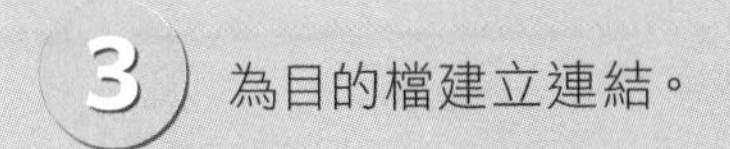

所謂**連結**就是與執行程式所必需的檔案結合，連結成功之後就會建立出可以執行的檔案。

編寫程式內容時的基本原則

若要編寫出可以正常運作的程式，請遵守下方所述的基本原則。

① 基本原則是以半形文字編寫

使用支援繁體中文的編譯器時，可在註解或 ""（雙引號）當中輸入全形文字，其他地方請使用英數的半形文字。

② 在 Big5 編碼下盡量避免使用中文

即使是在註解當中，也有可能會出現知名的「許功蓋」問題（這些字的 Big5 碼結尾為 "\"）容易造成錯誤。

③ 要注意全形空白和符號

若是在 "" 以外的地方輸入會造成錯誤，加上很難發現，因此要特別留意。

④ 英文字的大小寫有差別

舉例而言，if 和 IF 兩者完全不同。

⑤ 註解是用 /* 和 */ 來包住

若要編寫不希望反應到程式當中的說明內容時，可在 /* */ 當中來輸入。

⑥ 特別留意關鍵字

關鍵字（keyword）是指對編譯器而言有特殊意義的字詞。它們已被 C 語言所使用，不能用為自行定義的名稱。

關鍵字一覽

```
auto        default     float       static
continue    extern      long        unsigned
enum        int         sizeof      const
if          signed      union       else
short       typedef     char        goto
switch      while       double      return
volatile    case        for         struct
break       do          register    void
```

1 基本的程式

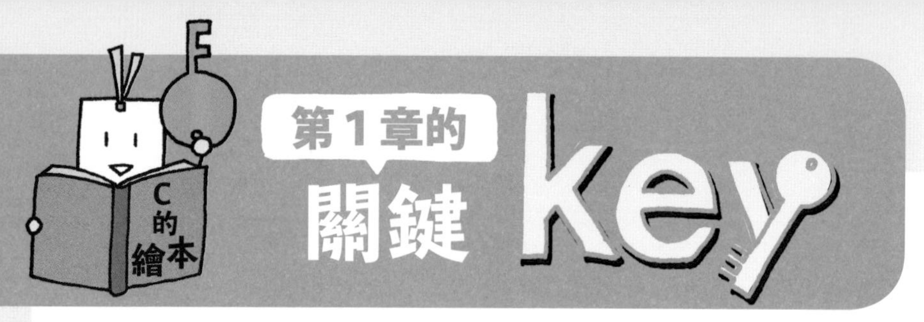

首先從文字的顯示開始

接下來終於要實際編寫程式了，首先就從讓畫面顯示「Hello World!」開始吧！雖然顯示的字串內容並沒有限制輸入什麼，但自過去以來大多數人都是以「Hello World」做為首次挑戰的字串，這對踏入程式世界來說也是再貼切不過的一句話。

透過C語言顯示文字時會用到 **printf( )** 這個**函數**。當看到像這樣在最後接上() 內容時，就代表這部分是函數。聽到函數兩個字，或許會讓不擅長數學的人產生抗拒感，但其實C語言中的函數是代表「一連串處理程序的集合」的意思，有著比數學稍微再廣義的意義。

接著這些函數等程式碼的執行是寫在 **main( )** 這個函數當中。main() 函數是程式的起始點（entrypoint），在透過命令列（command-line）等啟動程式後，最先會從 main() 函數開始執行處理程序。

所謂C語言，就是匯集這樣的函數來建構而成。關於函數的部分會在第5章做詳細的解說。

各種資料型別、值、變數

若只是讓畫面顯示已經設定好的字句，感覺起來未免太過單調，因此下一步要顯示計算的結果。printf() 具有指定格式並顯示值的功能，利用這項功能就可以顯示各種類型的**常數（值）**。

接著我們也會學習**變數**的相關知識，變數就有如箱子，可以將各種資料裝進去。在 C 語言等為數眾多的程式語言當中，針對不同的用途，會將資料型態指定為**整數型別**、**浮點數型別**、**字元型別**等，而在它們當中，可以再依據精確度等進一步區分出不同型別。之所以在類型方面有如此嚴密的區分，主要是因為電腦很難做出「這裡是整數、那裡是字串」這樣的靈活判斷，二來因為電腦搭載的記憶體有限，所以必須追求最精確而簡潔的編寫方法。雖然近來記憶體的容量有飛躍性的提升，但如果不紮實從這些基礎的小地方著手，再多的記憶體也會不夠用。

在 C 語言中編寫變數與值時，**字元**與**字串**稍微有些棘手，因此後半的內容會針對字元與字串的關係、字元與 **ASCII 字元表**的關係、**控制字元**等部分做解說。

那麼，就讓我們一同翻開下一頁踏入編寫 C 程式語言的世界吧！

Hello World!

首先，來瞭解程式的基本編寫方式與讓畫面顯示字串的方法。

編寫程式

最簡單的 C 語言程式就是下方範例所示的內容。在執行這個程式後，畫面上將會顯示「Hello」與「World!」這兩個字串。

範例

```
#include <stdio.h>

main()
{
    printf("Hello\nWorld!\n");
}
```

- `#include <stdio.h>` ← 使用printf()所需的程式內容。
- `printf("Hello\nWorld!\n");` ← 顯示字串。

●程式的基本型式

C 語言的程式基本型式就如下方範例所示。

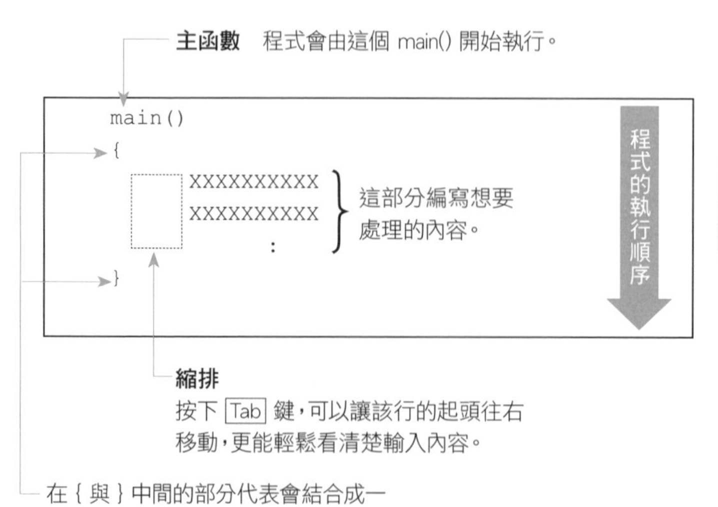

一旦沒有 main( ) 就無法進行編譯或執行。

讓畫面顯示字串

想用 C 語言的程式顯示字串時，要使用 printf( ) 函數。

;（分號）
代表到這裡為止是一整段連續的內容。

「；」就有如中文裡的句點「。」。

\n 的功用

\ 與之後的一個字元代表會進行特殊的文字顯示或操作。舉例而言，加上 \n 代表會換行（顯示位置會移動到下一行的最開頭），因此這兩個字元並不會像程式上所看到的方式直接顯示，這點必須注意。

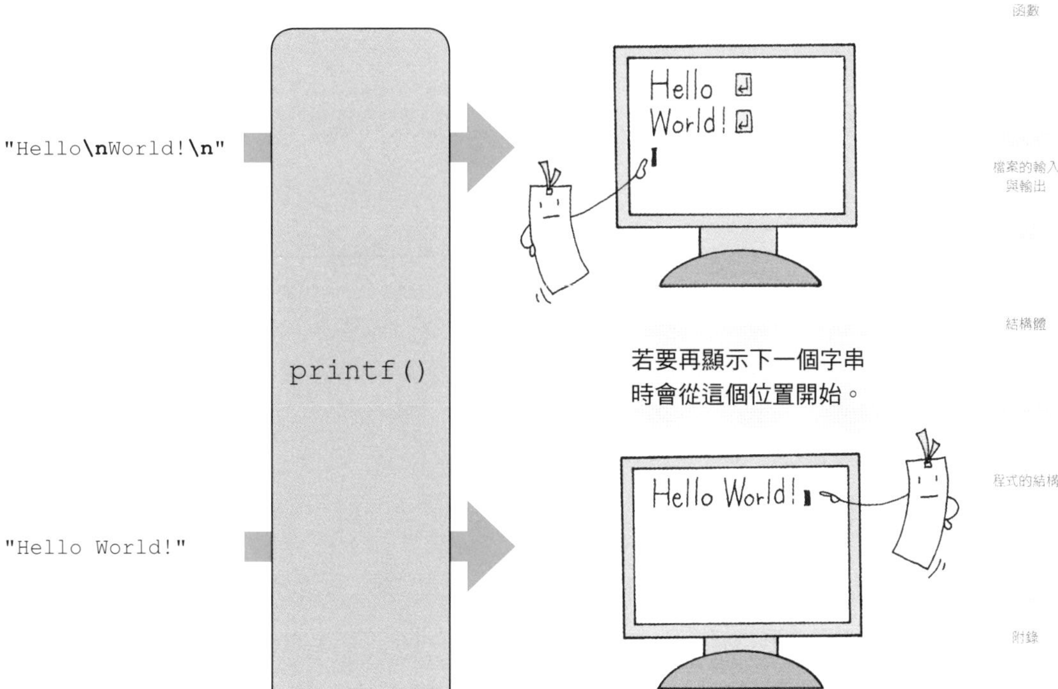

printf( ) 與常數

藉由 printf ( ) 還可顯示字串之外的資料，在這裡就來學習使用的方法。

printf( ) 的使用方法

關於 printf ( )，並非只能用來顯示設定好的字串，它還可以指定格式來顯示資料。下方範例中，兩者都是在畫面上顯示「3」。

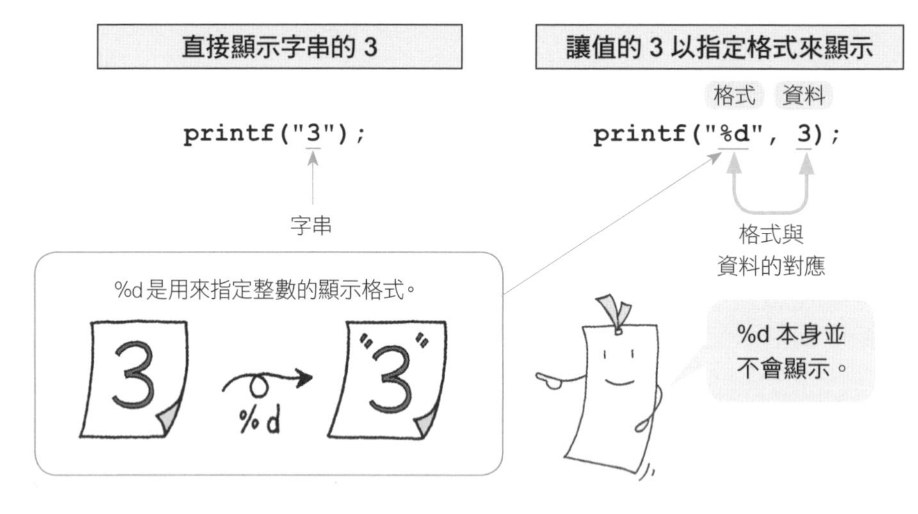

要顯示多項資料時的對應方式如下方範例所示。

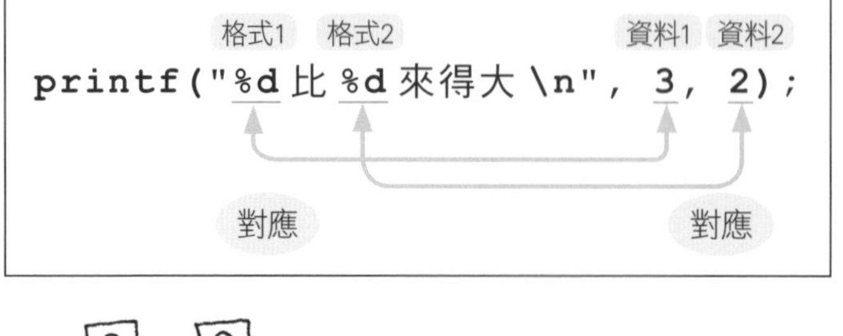

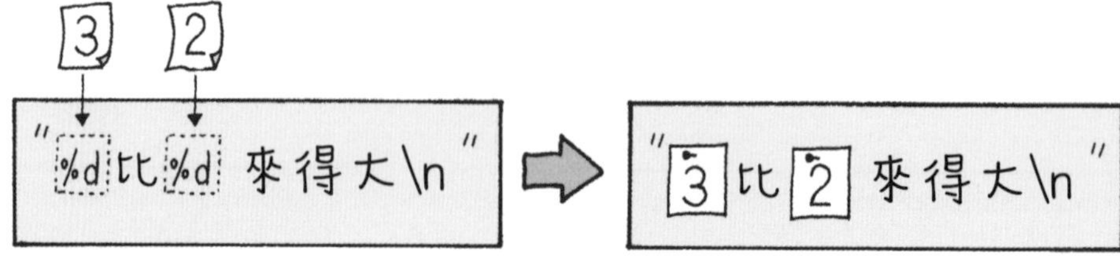

範例

```
#include <stdio.h>

main()
{
	printf("%d-%d 等於 %d。\n", 3, 2, 3-2);
}
```

執行結果

```
3-2 等於 1。
▌
```

3、2 和 3-2 的計算結果 (=1)
各自都會以整數顯示於畫面。

● 指定各種格式

%d 可以指定 **10 進位**（→ 2-12 頁）格式的整數。
格式指定的方式會隨顯示的資料種類而有所不同，如同下列表格所示。

格式指定	意義	資料的範例
%d	以 10 進位來顯示**整數**（無小數點的數）	1 、2、3、-45
%f	顯示**浮點數**（帶有小數點的數）	0.1、1.0、2.2
%c	顯示**字元**（ 以 ' 包起來的單一半形文字）	'a'、'A'
%s	顯示**字串**（以 " 包起來的文字）	"A"、"ABC"、" 好 "

範例

```
#include <stdio.h>

main()
{
	printf("%s %c %f \n", "6÷5", '=', 1.2);
}
```

執行結果

```
6÷5=1.200000
▌
```

小數點的位數（這個範例中 0 的數量）
會隨作業環境的不同而可能有所差異。

格式與資料的種類必須要一致才行。

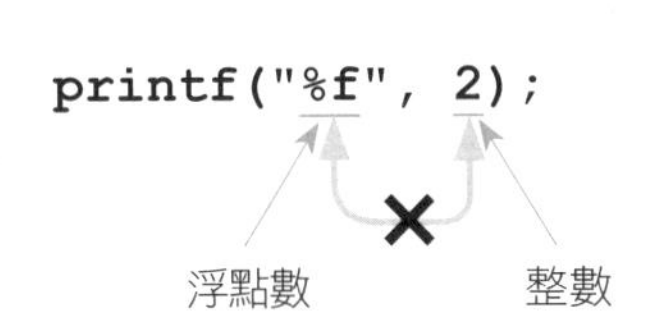

若不寫成 2.0 將會
無法正確顯示。

變數

所謂「**變數**」(variable)，就像是一個放入了值或文字的箱子。在這裡就以整數的值做為變數來說明使用方法。

宣告與指派

如同下方範例來做成變數**宣告**(declaration)，接著就能為變數**指派**(assignment)值。

```
int a;
```

…首先準備可以將**整數**(integer)指派到變數 a 的變數宣告。
這裡可以解讀為「宣告整數型的變數 a」。

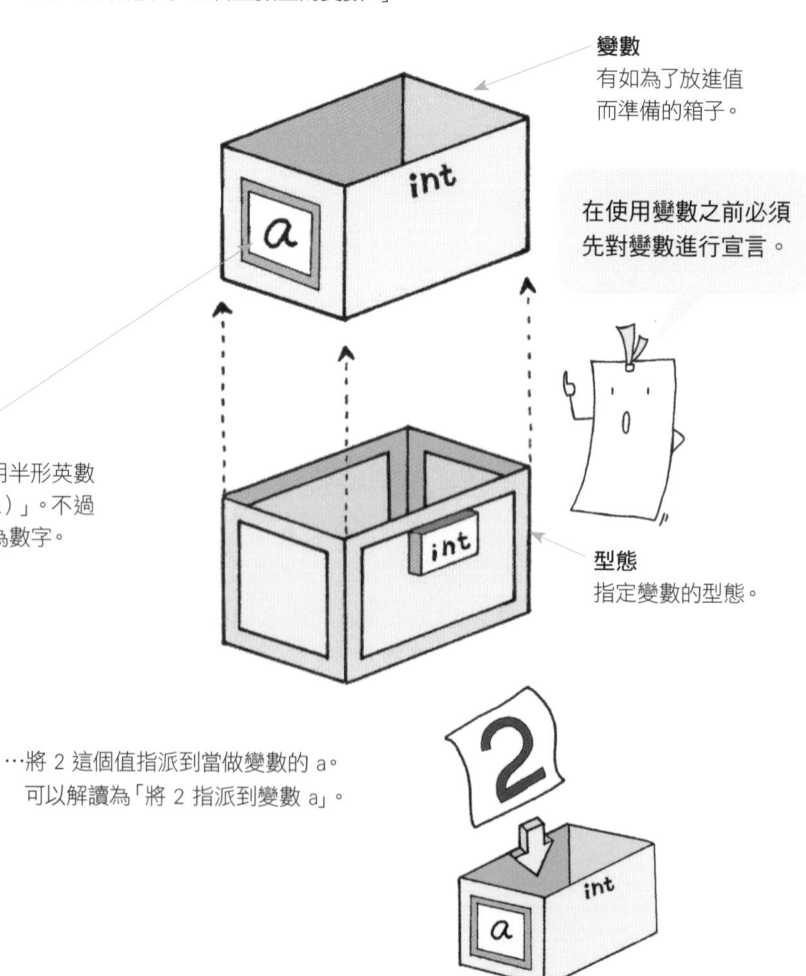


```
a=2;
```

…將 2 這個值指派到當做變數的 a。
可以解讀為「將 2 指派到變數 a」。

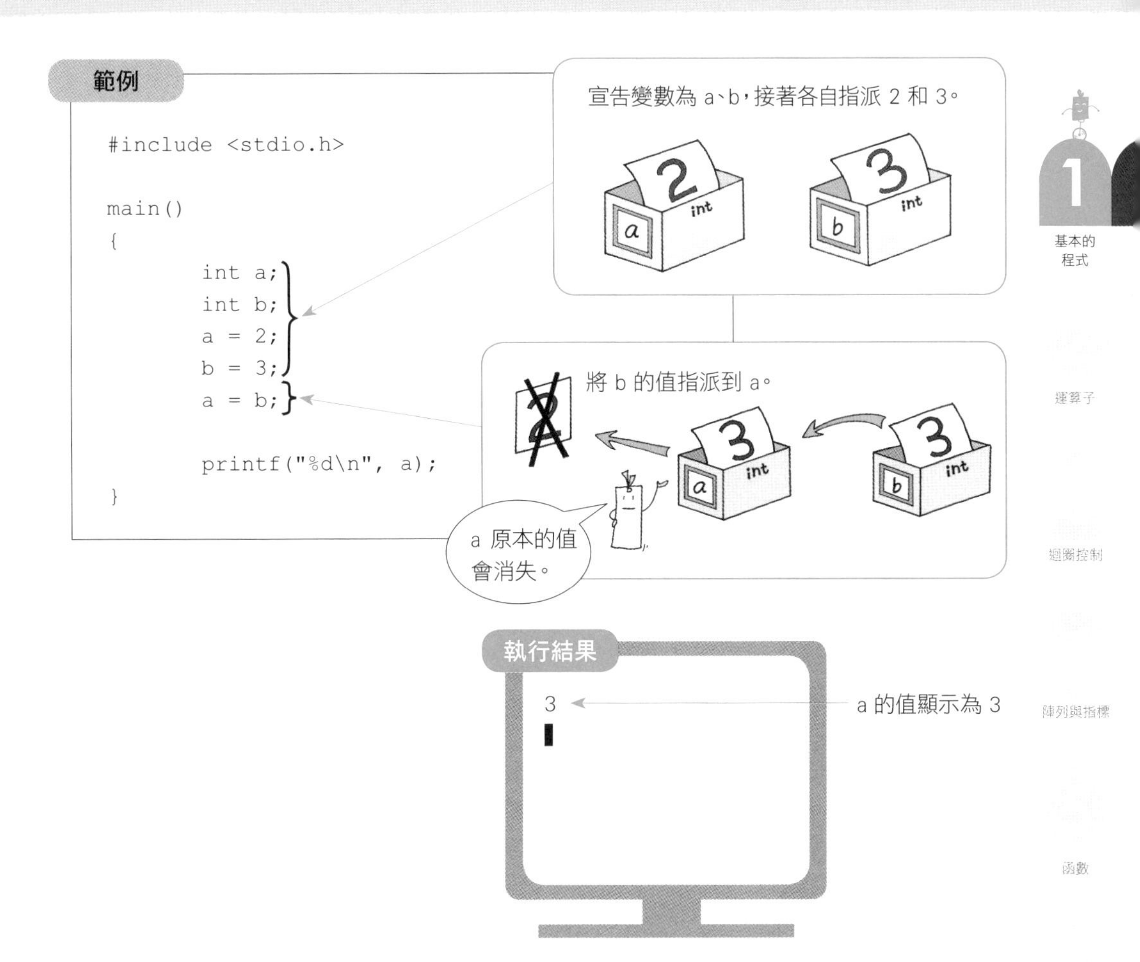

宣告的編寫方法

雖然內容必須由 ; 來區隔，不過可以寫在同一行。

變數的宣告和值的指派可以用以下的方式來簡化。

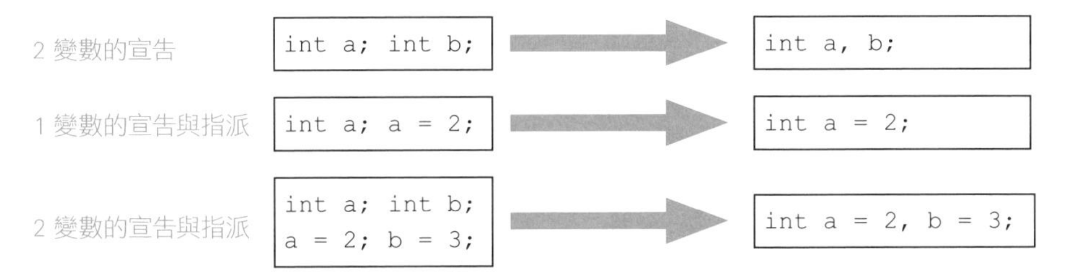

宣告與指派同時執行的方式稱之為「變數的**初始化**」。
設定初始化的方式不僅能避免忘記指派值，也會讓程式看起來更簡潔。

數值型態

指派值的變數分成了使用整數的整數型態和使用浮點數的浮點數型態。

整數型態

整數型態可以分成下列這幾種類型。

型態名稱	數值範圍	大小（位元數）
int	隨系統環境而不同	-
unsigned int	隨系統環境而不同	-
long	－ 2147483648 ～ 2147483647	32
unsigned long	0 ～ 4294967295	32
short	－ 32768 ～ 32767	16
unsigned short	0 ～ 65535	16
char	－ 128 ～ 127	8
unsigned char	0 ～ 255	8

unsigned 代表了「無符號數」的意思。

不同型態使用的記憶體量會有所差異。

int 的範圍取決於作業的系統環境。舉例而言，在 Windows 的 Visual C++ 下，就會與 long 相同。

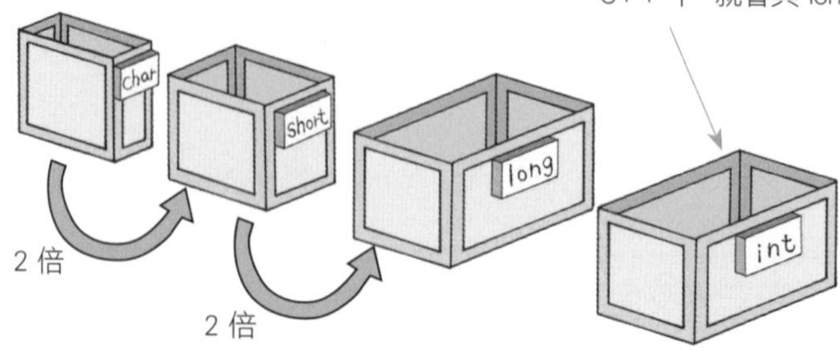

浮點數型態

浮點數型態可以分成下列這幾種類型。

型態名稱	數值的大致範圍	大小（位元數）
float	$-3.4\times10^{38} \sim 3.4\times10^{38}$	32
double	$-1.7\times10^{308} \sim 1.7\times10^{308}$	64

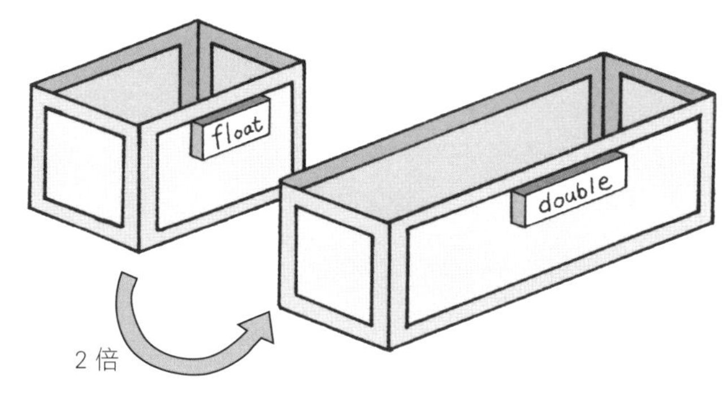

範例

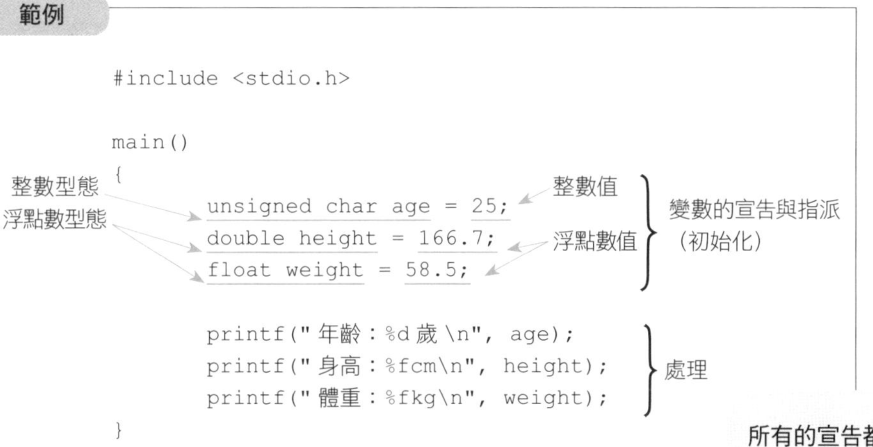

```
#include <stdio.h>

main()
{
    unsigned char age = 25;
    double height = 166.7;
    float weight = 58.5;

    printf("年齡：%d 歲\n", age);
    printf("身高：%fcm\n", height);
    printf("體重：%fkg\n", weight);
}
```


所有的宣告都要寫在處理之前。

執行結果

```
年齡：25 歲
身高：166.700000cm
體重：58.500000kg
```

字元

在此要來認識 ASCII 字元表與字元的關係，還有字元變數的使用方法。

ASCII 字元表

在電腦上無法直接使用我們日常生活中的文字，像英數字等文字各自會對應 0～127 的編號，藉此管理與使用（編寫時會用「'（**單引號**）」包起來）。而字元碼與編號的對照表就稱為 **ASCII 字元表**（美國資訊交換標準代碼）。

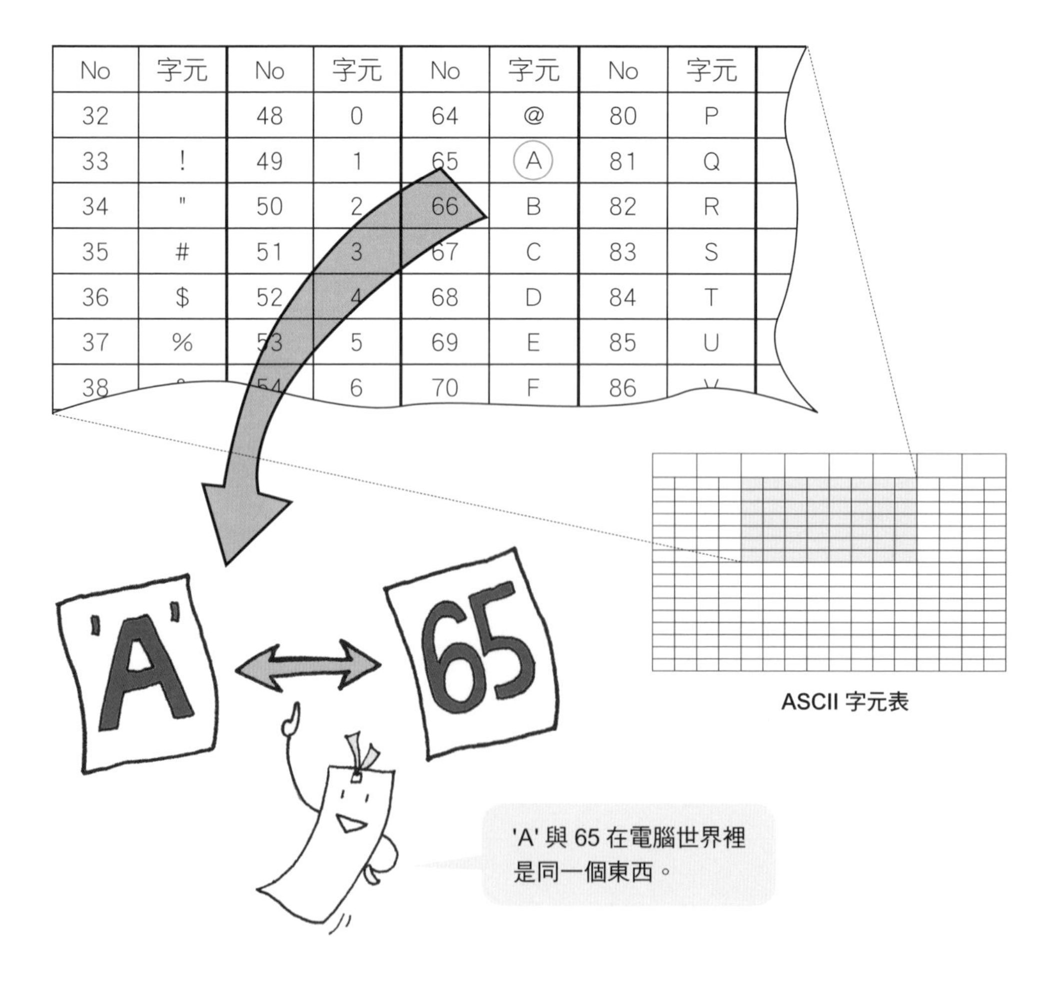

No	字元	No	字元	No	字元	No	字元
32		48	0	64	@	80	P
33	!	49	1	65	A	81	Q
34	"	50	2	66	B	82	R
35	#	51	3	67	C	83	S
36	$	52	4	68	D	84	T
37	%	53	5	69	E	85	U
38		54	6	70	F	86	

ASCII 字元表

字元

C 語言當中的「字元」是指一個半形文字，而用來接收這個「字元」所使用的變數型態為 char。雖然 char 是個放入－128～127 之間整數的型態，但 C 語言會將字元與字元碼（0～127 號）視為同物，所以也能沿用做為接收字元的型態。

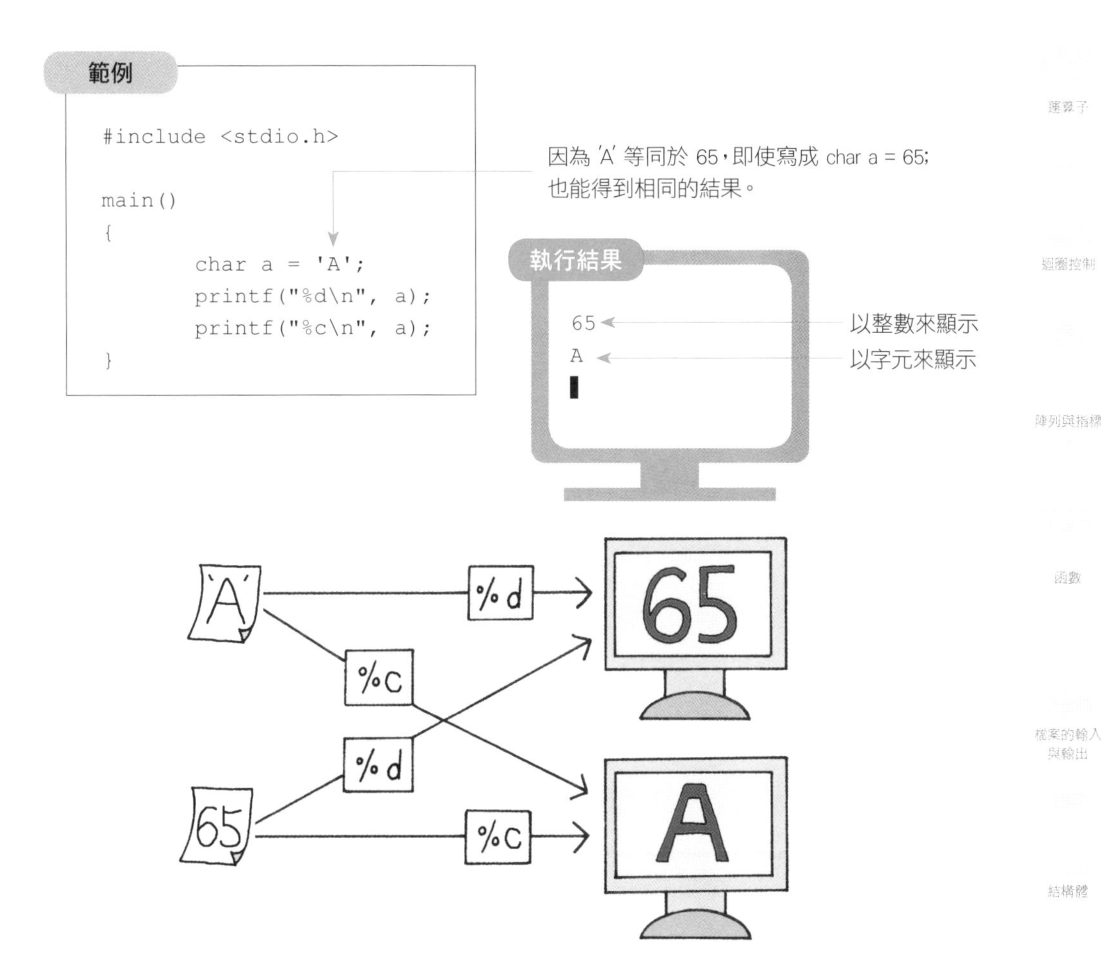

使用時無法將多個字元指派到單一的字元變數，僅限一個半形文字。另外，像是注音符號或國字等全型文字對電腦而言也算是多個字元，因此無法指派到字元變數。

```
char a = "ABC";

char a = "ㄅ";
```

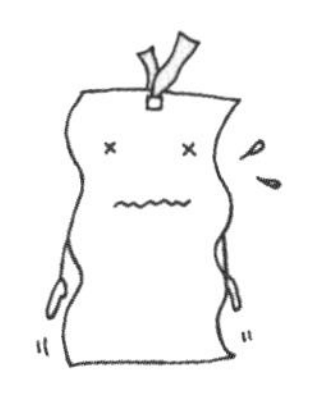

無法指派。

字串

字串就是多個字元的集合體，這裡就來認識 C 語言當中字串的概念與結構。

字串的概念與結構

對 C 語言來說，字串是字元的集合體（**陣列**→ 4-6 頁），在編寫時會以「"（雙引號）」包起來。固定字串的結構如同下方範例所示。

```
"Hello"
```

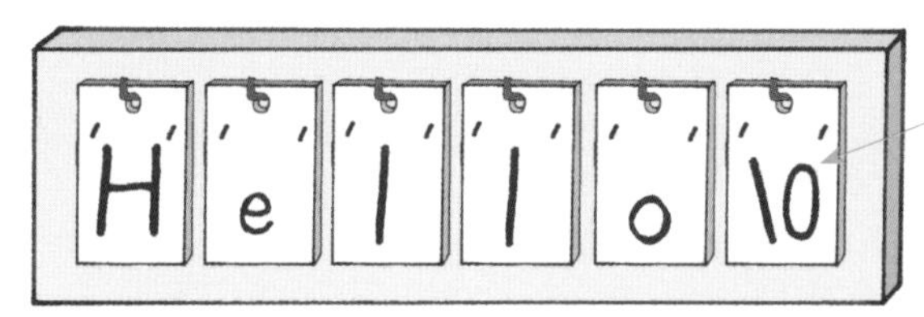

空（NULL）字元
代表字串到這裡結束，並不會顯示在畫面上。('\0' 會佔一個字元的儲存空間)。

可以透過下方範例的方法宣告接收字串的變數。

```
char s[6];
```

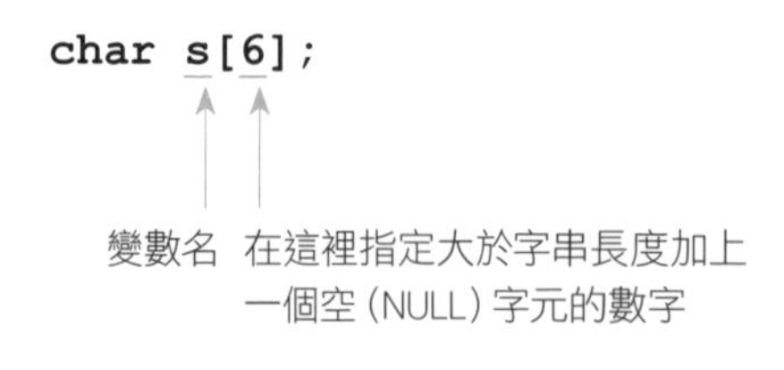

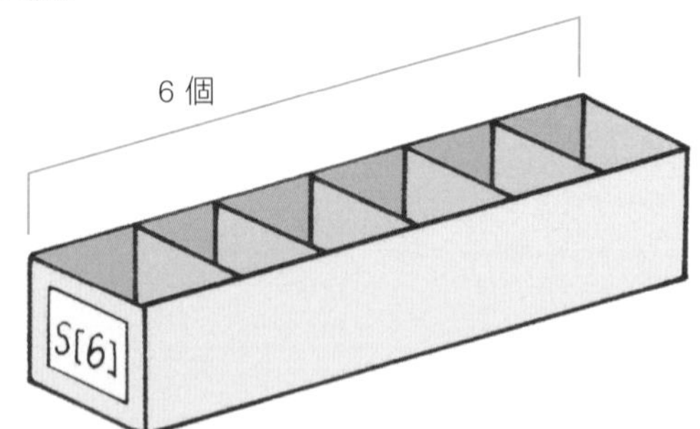

字串的初始化方法如下方範例所示。

```
char s[6] = "Hello";
```

若省略 [ ] 當中的內容，將會自動準備字元數＋ 1 個（6 個）箱子。

```
char s[] = "Hello";
```

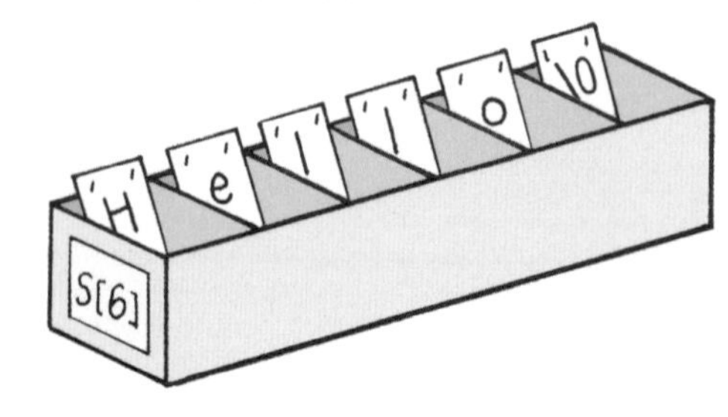

將字串指派到變數

將值指派到字串的變數時，只有在初始化的時候才能使用「=」。除此之外的情形，當要指派時必須使用 strcpy() 函數。

```
char t[10];
strcpy(t, "Hello");
```

指在上一行中宣告的 t[10]。

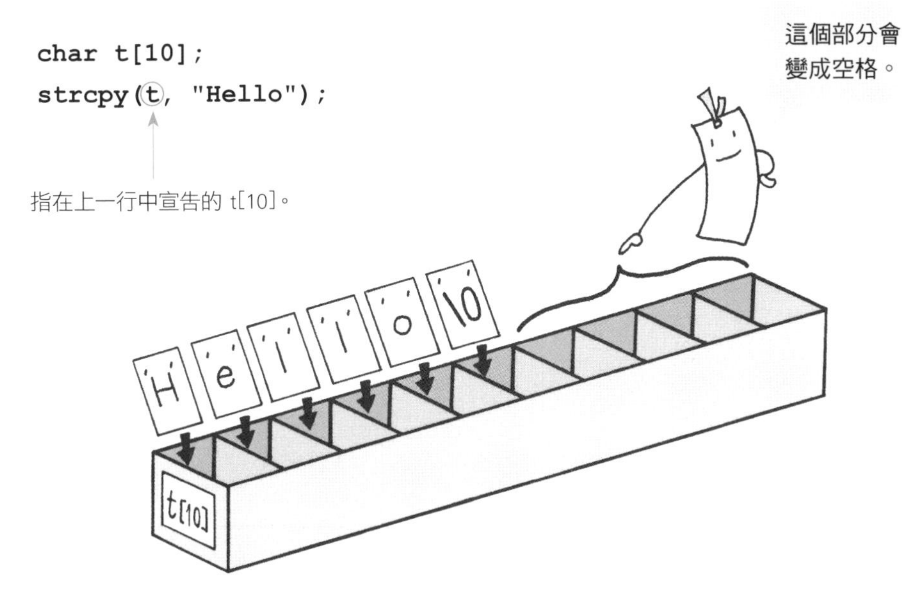

範例

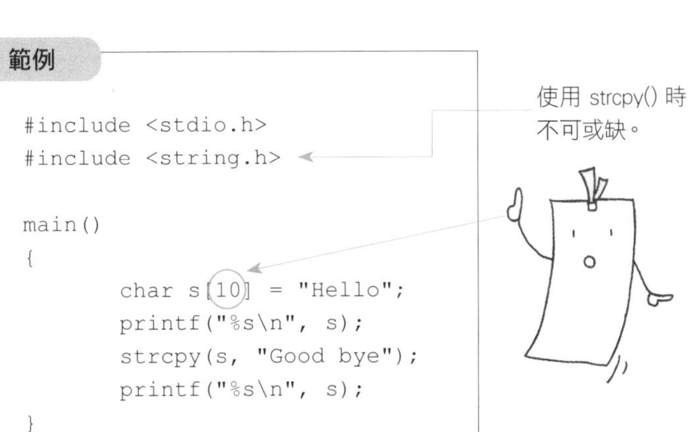

```
#include <stdio.h>
#include <string.h>

main()
{
        char s[10] = "Hello";
        printf("%s\n", s);
        strcpy(s, "Good bye");
        printf("%s\n", s);
}
```

使用 strcpy() 時不可或缺。

為了之後指派 "Good bye" 而事先準備 10 個字元的量。

執行結果

```
Hello
Good bye
```

s 初始化的 "Hello"

之後指派的 "Good bye"

看到這裡，各位是否已經瞭解 'A' 與 "A" 之間的差異了呢？在 C 語言當中，這兩種引號的使用方法至關重要，因此要先理解它們喲！

printf( ) 的格式指定

這裡要介紹可在 printf( ) 的格式指定區域中指定的格式，還有像是 \n 這種進行特殊處理作業的控制字元。

位數的指定

雖然在 printf() 的格式中指定為 %d 後會顯示整數，不過還能藉由以下的範例方法來指定位數。

顯示包含空格的 4 個字元

```
printf("%4d", 25);
```

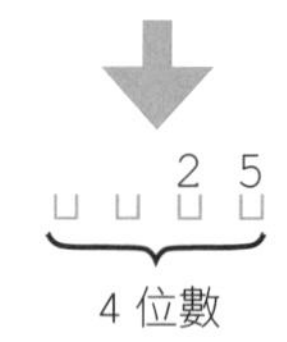

搭配 0 來顯示 4 個字元

```
printf("%04d", 25);
```

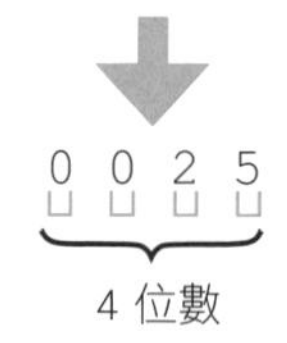

在顯示浮點數的 %f 下可以指定小數點前後的位數。

整體為 6 位數，小數點以下顯示 1 位數

```
printf("%6.1f", 155.32);
```

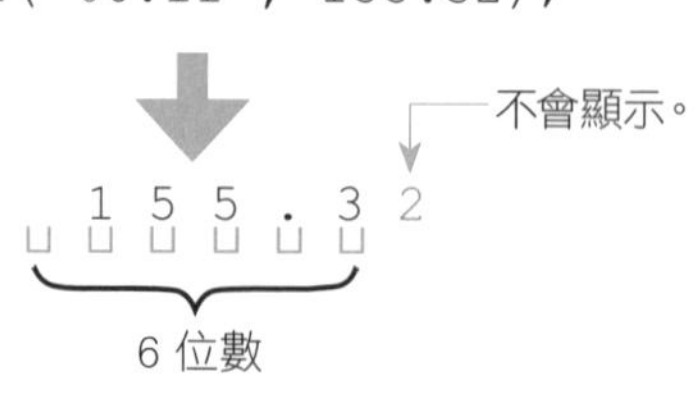

在字串方面也是一樣，可以指定顯示位置。

整體以 6 個字元來顯示

```
char name[] = "Akira";
printf("%6s", name);
```

代表特殊功能的字元

像 \n 這種以 \（跳脫字元）為開頭的 2 個字元就稱為**跳脫序列**（Escape Sequences）。這些字元並不會顯示在畫面上，而是代表了下面所述的特殊功能。

字元表	跳脫序列	功能
0	\0	空字元 (NULL)
8	\b	倒退鍵 (Backspace)
9	\t	縮排鍵 (TAB)
10	\n	換行 (LF)
13	\r	歸位鍵 (CR)，前面的字元都刪除

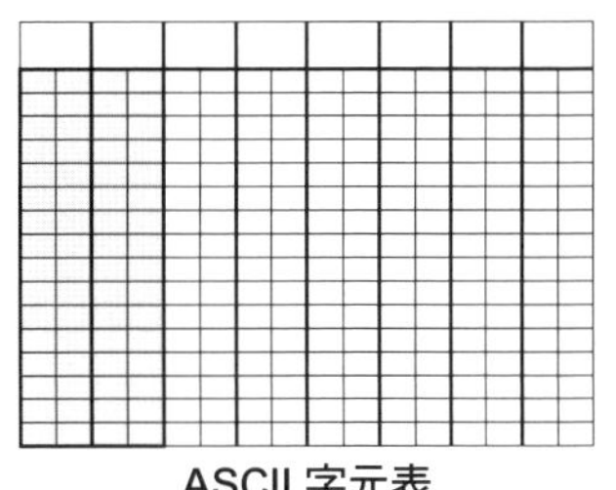

ASCII 字元表

若想要顯示出「\」就輸入 \\，而若想要顯示在字串與字元所使用的引號「'」或「"」，那就在它們的前方加上 \。

輸入方法	顯示
\\	\
\'	'
\"	"

它們在 ASCII 字元表中都被安排在比較小的數字。

範例

```
#include <stdio.h>

main()
{
        printf("       %8s    %8s\n", "商品A", "商品B");
        printf("數量%08d %08d\n", 16, 246);
        printf("重量%8.4f %8.4f\n", 76.3, 556.1);
        printf("%d%c", 20, 10);
        printf("%d\bA\n", 20);
        printf("%d\t%d\n", 20, 30);
}
```

在此確立表的格式。

執行結果

```
        商品A      商品B
數量 00000016 00000246
重量  76.3000 556.1000
20
2A
20      30
```

20 ← 以字元表編號 10 的控制字元換行。

2A ← 消除最後的 0 並轉變成 A。

20 30 ← 20 與 30 之間相隔一個 TAB 鍵。

COLUMN

～關於繁體中文～

最初普及化的 ASCII 字元表只有使用 7 位元（bits），因此最多只能表現 2 的 7 次方，也就是 128 種文字，對歐美的英語系國家來說，足以表達大小寫英文字母、數字 0 ～ 9 和部分標點符號，後來再擴充至 8 位元（＝ 1 位元組），將更多符號與西歐文字也納入其中。然而中文因為有許多國字，這樣的字元表可說是遠不足以滿足需求。

雖然在 1 位元組下只能夠顯示 256 種的資訊，不過如果使用 2 個位元組，在第 1 位元組（高位元組）與第 2 位元組（低位元組）的搭配下，共能顯示 65536（256×256）種的文字編碼，進而誕生出非英語系國家的文字編碼。

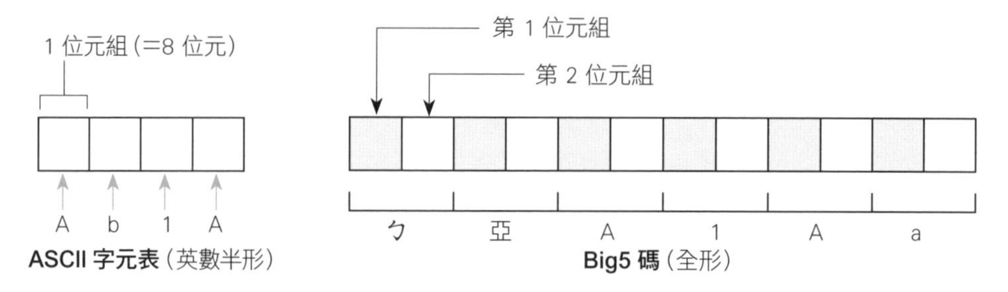

同上所述，繁體中文會使用 1 個以上的位元組來表示。過去以來，在繁體中文最常使用的文字編碼為「Big5」，而倚天中文系統與 Windows 繁體中文版等主要系統也都是以 Big5 碼做為基準。Big5 的文字編碼也與本書提到的 ASCII 字元表相容，其中關鍵在於第 1 位元組。當第 1 位元組小於等於 127 時，就會依照 ASCII 字元表來顯示字元。而當第 1 位元組大於 127 時，就會判定為中文並讀取第 2 位元組，再以第 1 位元組與第 2 位元組的編碼組成 Big5 碼，最後顯示出對應的文字。

至於其他常見的文字編碼方面，日本主要使用「Shift-JIS」碼，中國的簡體中文主要使用「GB」碼，在 UNIX 作業系統上使用「EUC」碼，這個編碼可顯示漢語文字、日語文字和朝鮮文字。另外還有全部文字都以 2 個位元組來表示的 UTF-16、可以隨著文字變化長度的 UTF-8 等，種類相當多元。其中 UTF-8 是近年來相當普及的文字編碼，全世界大多的網頁都是採用 UTF-8 的編碼方式。

另外，相信讀者們也曾聽過 Unicode（萬國碼）這個名詞。所謂 Unicode，它收錄了全世界所有的文字與符號，並且各自給予獨一無二的編碼位置（code point），先前提到的 UTF-8、UTF-16，其實就是以 Unicode 為基礎所開發的 Unicode 轉換格式（Unicode Transformation Format），簡稱為 UTF。

2

運算子

第2章的關鍵 key

讓電腦搖身一變成為計算機

在第 2 章中要學習**運算子**的相關知識。所謂運算子，大致上而言就是平常計算時所使用的「＋」和「－」等數學符號。不過就如同各位所見，電腦鍵盤上並沒有「÷」，因此有些地方會使用和數學有所不同的運算符號。另外，電腦的計算功能也不僅止於數字上的運算。

首先要介紹的內容是在計算數值時所使用的運算子。在這個地方會有許多曾經在數學教科書上看過的符號登場。舉例而言，希望讓電腦進行加法的計算時會使用「＋（plus）」，而希望進行減法的計算時則會使用「－（minus）」，這些都是熟悉的運算子。其他還有像是乘法和除法，或是進行除法計算後顯示餘數的運算子等，功能相當豐富。

除了上述單純的計算作業外，在 C 語言中還搭載許多電腦上所特有的運算子，各個都能發揮出有別於一般數學計算的獨特功能。像是在比較值時所使用的**比較運算子**、在條件判斷時所使用的**邏輯運算子**等就屬此類。

這裡會帶領讀者輸入各種值來實際體驗計算結果，比起第 1 章的基礎程式語言編寫，相信應該會讓讀者感受到更多與電腦對話的樂趣。

電腦是一個非 1 即 0 的數位世界

再來，對於平時常聽到的**位元**（bit）和**位元組**（byte），在此也會揭開它們神秘的面紗。

要正確理解位元和位元組，必須先知道有關於 **2 進位**和 **16 進位**的概念。我們平常是使用每到 10 就會進一位的 10 進位，其中的緣由在於人類的手指共有 10 根。另一方面，在電腦上則是非 1 即 0，換言之就只存在著開或關這兩種資料而已，而電腦上的所有資訊都是以 1 和 0 的搭配組合（2 進位）來表示。

對於看到早年打孔卡就能直接解讀其中內容的博士而言或許只是小菜一碟，但在我們一般人眼中卻只是單純的 1 和 0，想要掌握其中的資訊絕非易事。另一方面，因為只有使用 1 和 0 的程式結構實在是太過冗長，所以現在一般都是採用 16 進位的方式。它是將原本 2 進位的程式內容以每 4 個位數為單位來做區隔，再透過 0 ～ 9 和 A ～ F（等於 10 進位下的 10 ～ 15）這 16 個數字來取代原本 2 進位下 4 個位數所能表示的內容。藉由這樣的轉換會讓 2 進位的資料變成我們比較能夠理解的內容。

運算子是程式的核心關鍵。雖然接下來內容的難易度會逐漸攀升，但不要緊張，熟讀並理解每一個主題後再繼續向前邁進吧！

計算的運算子 (1)

計算時所使用的 + 或 - 等熟悉的數學符號稱為「**運算子**」(operator)，在此就用運算子來實際嘗試計算吧！

計算數字時使用的運算子

C 語言中計算數字時所使用的運算子如下表所示。

運算子	功能	使用方法	意義
plus +	+（加）	a = b + c	將 b 加 c 的值指派到 a
minus –	–（減）	a = b – c	將 b 減 c 的值指派到 a
asterisk *	×（乘）	a = b * c	將 b 乘 c 的值指派到 a
slash /	÷（除）	a = b / c	將 b 除 c 的值指派到 a （c 為 0 的時候會錯誤）
percent %	…（餘數）	a = b % c	將 b 除 c 的餘數指派到 a （只能用於整數型態，c 為 0 的時候會錯誤）
equal =	=（指派）	a = b	將 b 的值指派到 a

範例

```
#include <stdio.h>

main()
{
    printf("5+5 等於 %d。\n", 5+5);
    printf("5-5 等於 %d。\n", 5-5);
    printf("5×5 等於 %d。\n", 5*5);
    printf("5÷5 等於 %d。\n", 5/5);
    printf("5÷3 的餘數等於 %d。\n", 5%3);
}
```

執行結果

```
5+5 等於 10。
5-5 等於 0。
5×5 等於 25。
5÷5 等於 1。
5÷3 的餘數等於 2。
```

指派運算子

使用將值指派到變數的指派運算子（assignment operator）「=」時，其左邊的變數是看右邊計算式來決定。因此想要讓 int 型別變數 a 的值加上 2 時，可以用下面的方式來編寫。

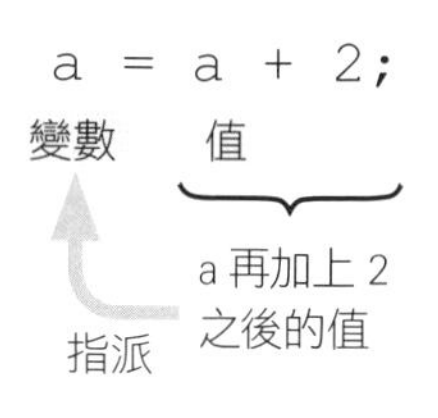

這裡的意思並不是指 a 等於 a+2。

要讓 a 的值再增加 2 也可以用下面的方式來編寫。

```
a += 2;
```

「=」或「+=」稱為**指派運算子**，而指派運算子還有下表所列的類型。

運算子	功能	使用方法	意義
+=	相加後指派	a += b	將 a+b 的結果指派到 a（與 a = a+b 相同）
-=	相減後指派	a -= b	將 a-b 的結果指派到 a（與 a = a-b 相同）
*=	相乘後指派	a *= b	將 a*b 的結果指派到 a（與 a = a*b 相同）
/=	相除後指派	a /= b	將 a/b 的結果指派到 a（與 a = a/b 相同）
%=	指派餘數	a %= b	將 a%b 的結果指派到 a（與 a = a%b 相同）

範例

```
#include <stdio.h>

main()
{
    int a = 90;

    a += 10;
    printf("90 加上 10 之後會變成 %d。\n", a);
}
```

也可以寫成 a = a+10;。

執行結果

```
90 加上 10 之後會變成 100。
```

計算的運算子 (2)

在此解說想要讓值增加或減少 1 時所使用的「**遞增運算子**」（increment operator）和「**遞減運算子**」（decrement operator）。

遞增運算子、遞減運算子

關於遞增（加法）運算子、遞減（減法）運算子，可以在希望讓整數類型的變數增加或減少 1 的時候使用。

運算子	名稱	功能	使用方法	意義
++	遞增運算子	讓變數的值增加 1	a++ 或 ++a	a 的值增加 1
--	遞減運算子	讓變數的值減少 1	a-- 或 --a	a 的值減少 1

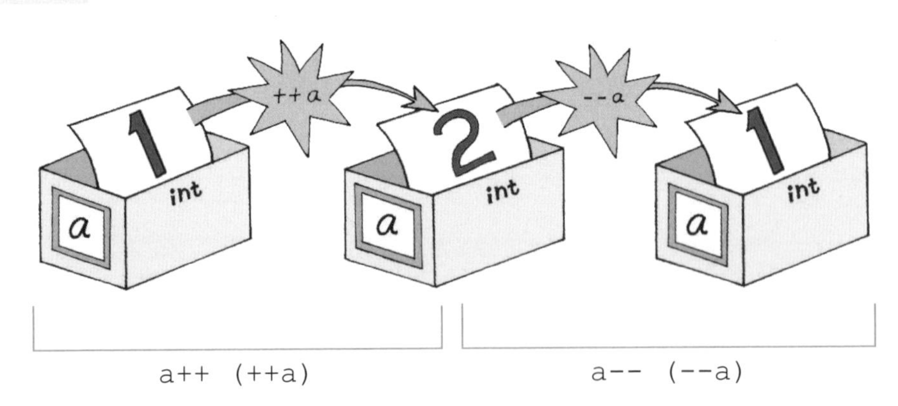

a++ (++a)   a-- (--a)

範例

```
#include <stdio.h>

main()
{
    int a = 1;
    printf("最初的值為 %d。\n", a);

    a++;
    printf("加上 1之後會變成 %d。\n", a);

    a--;
    printf("減去 1之後會變回 %d。\n", a);
}
```

執行結果

```
最初的值為 1。
加上 1 之後會變成 2。
減去 1 之後會變回 1。
```

» a++ 與 ++a 的差異

在遞增運算子與遞減運算子下，各自有兩種編寫方式，分別為 ++a(--a) 的前置方式與 a++(a--) 的後置方式。

前置與後置的不同在於運算時間點的差異，前置的場合下會先進行運算再指派到變數，而後置的場合下則是會先指派到變數再進行運算。因此會發生下面範例所示的狀況。

```
int x, a = 1;
x = ++a;
```

先讓 a 加上 1 後，再將值指派到 x
→ x 的值會變成 2

```
int x, a = 1;
x = a++;
```

先將值指派到 x 後，再讓 a 加上 1
→ x 的值仍然是 1

範例

```
#include <stdio.h>

main()

{
        int a = 1, b = 1;

        printf(" 前置時會變成 %d。\n", ++a);
        printf(" 後置時會變成 %d。\n", b++);
}
```

執行結果

```
前置時會變成 2。
後置時會變成 1。
```

比較運算子

介紹在使用「條件式」時所使用的「**比較運算子**」(comparison operator)。

何謂「比較運算子」？

在 C 語言中可以編寫條件式，它會在比較變數或數值等值之後，再依照結果來改變執行方式，此時所使用的運算子就稱為**比較運算子**。

當條件成立時為「**真**（true）」，不成立時則為「**假**（false）」。

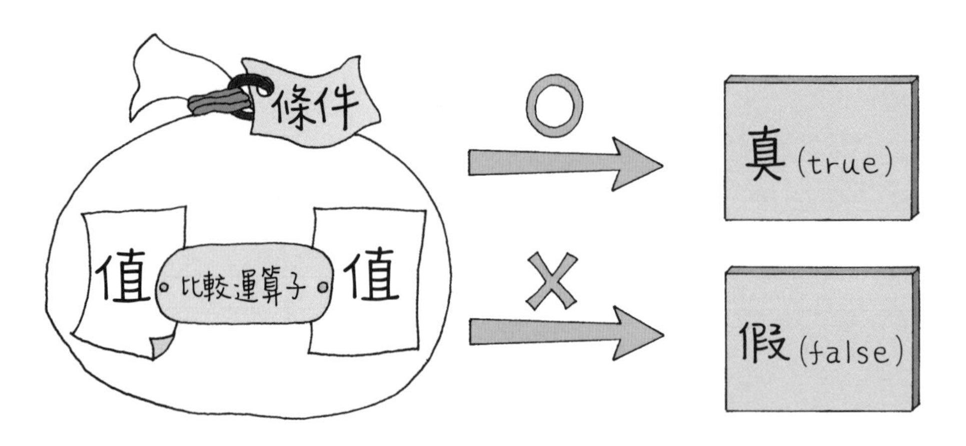

運算子	功能	使用方法	意義
==	=（等於）	a == b	a 等於 b
<	<（小於）	a < b	a 小於 b
>	>（大於）	a > b	a 大於 b
<=	≦（小於等於）	a <= b	a 小於等於 b
>=	≧（大於等於）	a >= b	a 大於等於 b
!=	≠（不等於）	a != b	a 不等於 b

條件式帶有的值

「條件式」與「指定運算式」本身都帶有值。舉例而言，當條件式的結果為「假」，則條件式本身將會是 0 這個值，反之當條件式的結果為「真」，則條件式的值為 1。

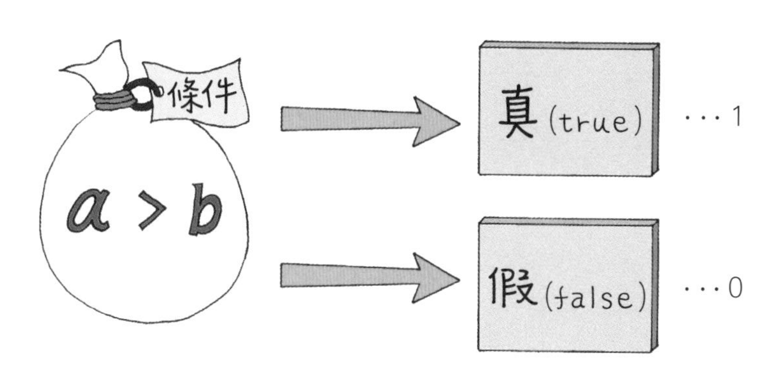

「指定運算式」會將等號右邊的計算結果指定給左邊的變數。下方範例的 a=b 則是將 b 的 20 指定給 a，因此會顯示 20。

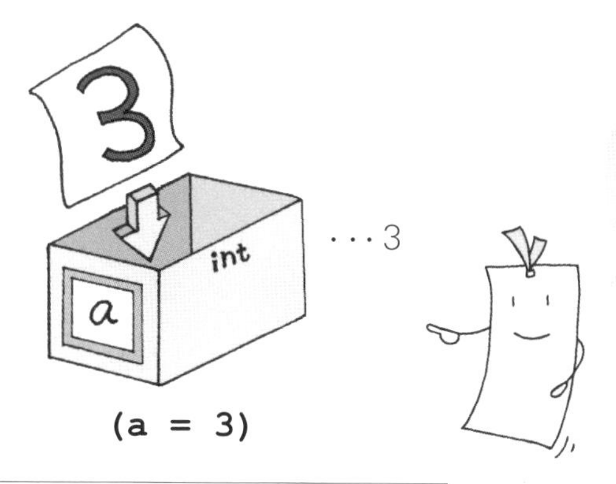

以 ( ) 包住來表示整體指定運算式。

範例

```
#include <stdio.h>

main()
{
        int a = 10, b = 20;

        printf("a=%d b=%d\n", a, b);
        printf("a<b···%d\n", a<b);
        printf("a>b···%d\n", a>b);
        printf("a==b···%d\n", a==b);
        printf("a=b···%d\n", (a=b));
}
```

執行結果

```
a=10 b=20
a<b  ··· 1
a>b  ··· 0
a==b ··· 0
a=b  ··· 20
```

邏輯運算子

藉由多個條件式的搭配，可以編寫出更為複雜的條件式。

何謂「邏輯運算子」？

想要透過多項條件的組合進一步編寫出更複雜條件時，就必須使用**邏輯運算子**（logical operator）。

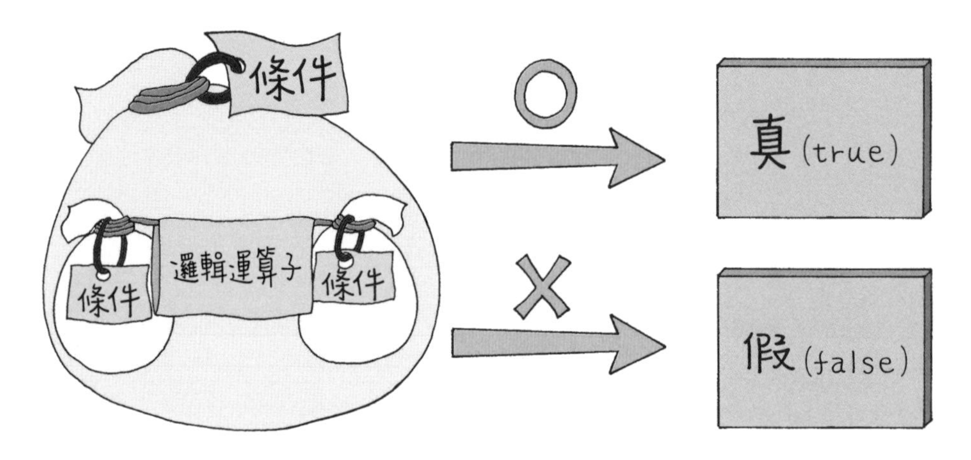

邏輯運算子共有下列這三種類型。

運算子	功能	使用方法	意義
&&	且	(a >= 10) && (a < 50)	a 大於等於 10 且小於 50
||	或	(a == 1) || (a == 100)	a 的值為 1 或 100
!	～為否！	！(a == 100)	a 等於 100 為否

在條件 A、B 的情形下，三種邏輯運算子功能的圖示。

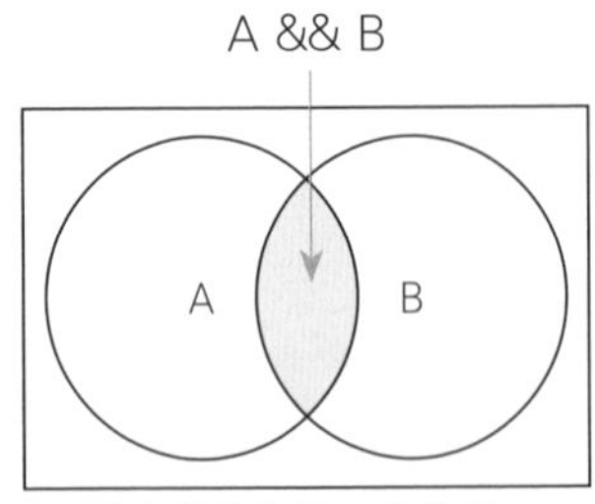

同時滿足條件 A 與條件 B

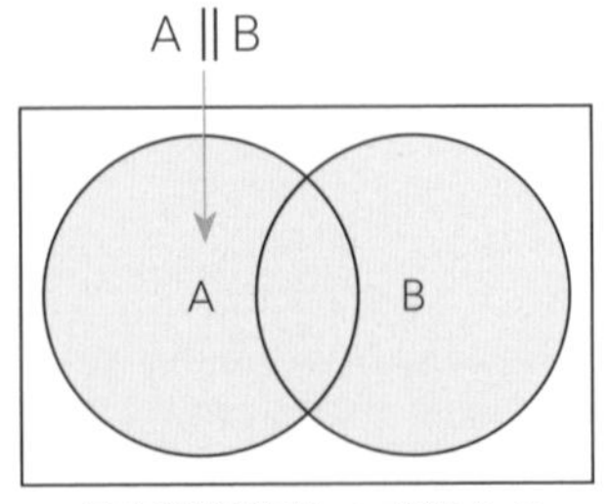

只需滿足條件 A 或條件 B

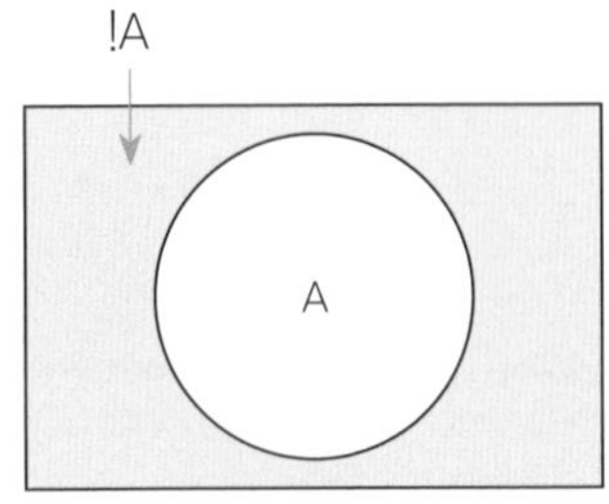

排除條件 A

≫ 複雜的條件式

在此來看看比較複雜的邏輯運算範例。一般會依照各個運算子優先順位（→ 2-18 頁）的順序執行處理作業，不過如果刻意希望表示出關聯時就使用 ( )。

a 大於等於 50 且小於 100

```
(50 <= a) && (a < 100)
```

並不會寫成常見的 50<=a<100。

b 既不是 0 也不是 1

```
!((b == 0) || (b == 1)) ···「b=0 或 b=1」為否
!(b == 0) && !(b == 1)  ···b 並非等於 0 且 b 也不等於 1
(b != 0) && (b != 1)    ···b ≠ 0 且 b ≠ 1
```

條件運算子

使用「?」與「:」這兩個符號（三元運算子），可以透過條件設定讓指派到 x 的值改變，編寫方式就如同下面範例所示。

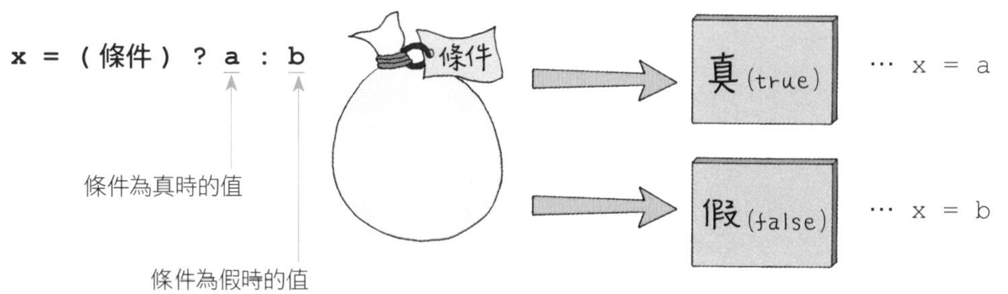

範例

```
#include <stdio.h>

main()
{
    int a = 30, x;

    x = (0 <= a && a <= 100) ? a : 0;
    printf("%d\n", x);
}
```

當 0 ≦ a ≦ 100 時會顯示 a 的值，當不符合條件時則會顯示 0。

n 進位

電腦是一個「開」與「關」所構成的 2 進位世界。在此將介紹關於 2 進位與 16 進位的知識。

數值的表示方法

在我們日常生活中所看到的數值，大多都是採用每到 10 就進一位的 10 進位。但在電腦的世界裡，一般都是採用 2 進位或 16 進位的表示方法。

2 進位 用 1 和 0 這兩個狀態來表示。在電腦內部這是最基本的表示方法。

10 進位 日常生活中的表示方法是使用 0 到 9 的數字。

16 進位 每到 16 進一位的表示方法。
9 之後會用 A ～ F 的文字來表示。

2 進位、10 進位、16 進位之間的關係如下表所示（⤵ 代表進位）

2 進位	10 進位	16 進位
0	0	0
1 ⤵	1	1
10	2	2
11 ⤵	3	3
100	4	4
101	5	5
110	6	6
111 ⤵	7	7
1000	8	8
1001	9 ⤵	9
1010	10	A
1011	11	B
1100	12	C
1101	13	D
1110	14	E
1111 ⤵	15	F ⤵
10000	16	10

在 2 進位與 16 進位當中，10 並非唸作「十」，而是唸作「一零」。

16 進位的表示方法

在 C 語言的程式中，若要讓數值採用 16 進位，要在數字前方加上 0x。另外，若是要以 16 進位來顯示數值，則要在 printf( ) 的格式指定當中使用 %x。

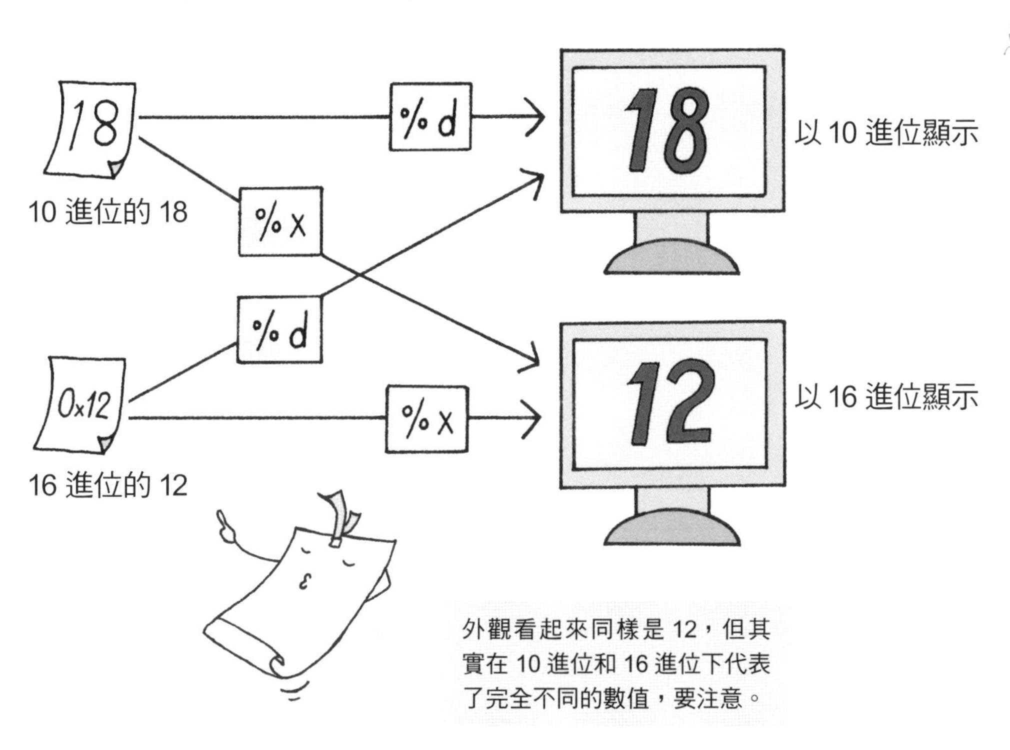

範例

```
#include <stdio.h>

main()
{
    int a = 15, b = 0x11;

    printf("10 進位的 %d 在 16 進位是 %X\n", a, a);
    printf("16 進位的 %X 在 10 進位是 %d\n", b, b);
}
```

若是用大寫來編寫 %X，16 進位的 A～F 文字會變成大寫。

執行結果

```
10 進位的 15 在 16 進位是 F
16 進位的 11 在 10 進位是 17
```

位元與位元組

接下來的主題要介紹電腦上使用的資料單位，也就是平常常聽到的「**位元**」(bit) 與「**位元組**」(byte)。

何謂「位元」？

電腦在處理資訊時，是以 1 和 0 來分別表示電源的開啟與關閉的狀態。而從這個 1 或 0 的值取得資料的最小基本單位就叫做**位元**。此外，集合 8 個位元（8 bit）會成為 1 個**位元組**。

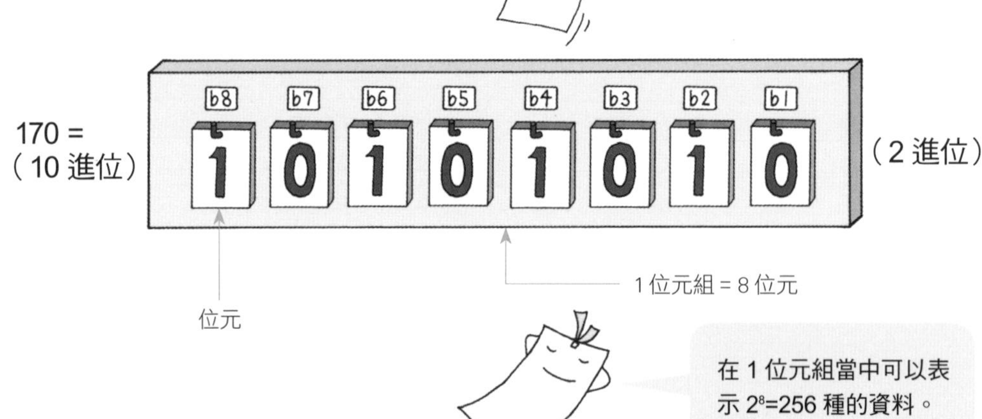

位元組的單位

位元組等電腦常見的單位，是以每 2^{10}(=1024) 個單位來晉升至下一個單位。

單位	讀法	意義
KB	kilobyte	1KB ＝ 1024byte
MB	megabyte	1MB ＝ 1024KB
GB	gigabyte	1GB ＝ 1024MB
TB	terabyte	1TB ＝ 1024GB

sizeof 運算子

使用 sizeof 運算子(sizeof operator)後，就能得知變數或資料型態佔用了多少記憶體的位元組數。

```
int n, m;
n = sizeof(short);
m = sizeof(n);
```

n = sizeof(short); ← n 為 short 型態的位元組數(= 2)。

m = sizeof(n); ← m 為 int 型態的位元組數。(值會因處理系統而有不同)

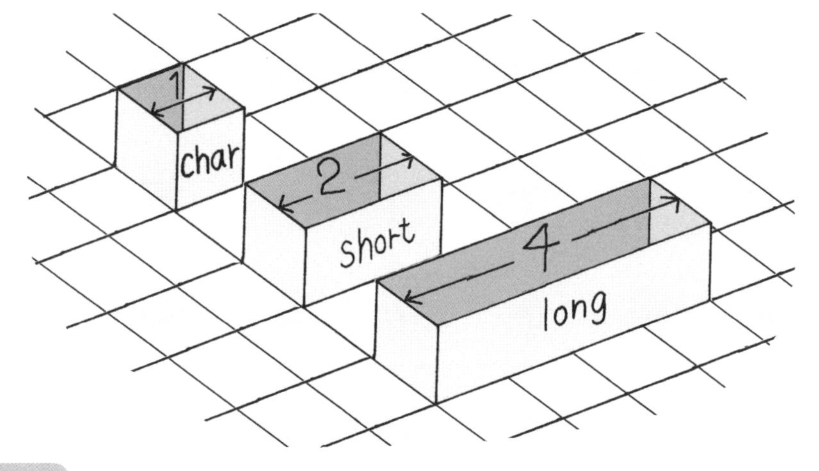

範例

```
#include <stdio.h>

main()

{
    char c = 1;
    char s[10] = "Hello";

    printf("long 型態 = %d 位元組 \n", sizeof(long));
    printf("char 型態變數 = %d 位元組 \n", sizeof(c));
    printf("字串變數 = %d 位元組 \n", sizeof(s));
}
```

不僅是文數字，就連放入字串箱子的位元組數也都能得知。

執行結果

```
long 型態 = 4 位元組
char 型態變數 = 1 位元組
字串變數 = 10 位元組
```

型態的變換

透過 C 語言進行計算時，變數的型態（型別）至關重要，這裡就來學習有關型態變換的知識。

計算過程中的型態變換

在 C 語言當中，若是以整數來進行計算，其結果也必然會以整數的方式來顯示。也因此會發生如同下面範例所示的奇怪狀況。

3÷2 的計算式（錯誤）

3 / 2 ➡ 1
整數 整數　整數

為了顯示整數而自動將小數點以下的數字刪除。

若要計算出正確的數值 1.5，就必須以浮點數的方式來進行計算。

3÷2 的計算式（正確）

3.0 / 2.0 ➡ 1.5
浮點數 浮點數　浮點數

範例

```
#include <stdio.h>

main()
{
    printf("3÷2=%d\n", 3/2);
    printf("3÷2=%f\n", 3.0/2.0);
    printf("3÷2=%f\n", 3.0/2);
    printf("3÷2=%f\n", 3/2.0);
}
```

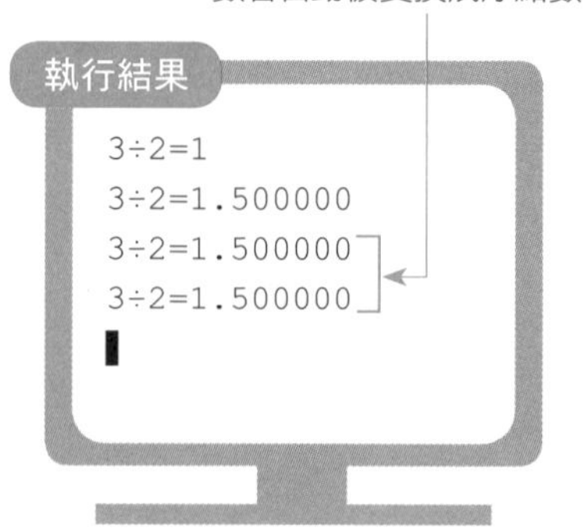

計算過程中若出現小數，整數會自動被變換成浮點數。

若是整數之間的運算，會被變換成範圍最寬廣的型態。

```
short s = 536;
char c = 12;
int a = s + c;
```

char 的範圍為 -128 ～ 127

變成 548。

指派數值超出數值範圍時

在不同型態下而有不同數值範圍的變數之間進行指派時，必須要特別留意。

```
unsigned char c = 1000;
```

一旦指派超過型態上限的數值後，多出來的位元就會被忽略。
這種情形稱之為**溢位**（overflow）。

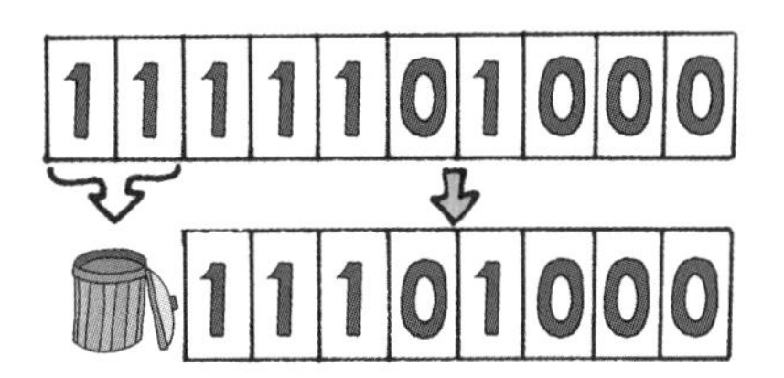

c 的數值會變成 232。

```
unsigned char c = -3;
```

一旦在沒有符號的變數指派有符號的數值後，雖然位元資訊不變，但會以無符號的方式判讀。

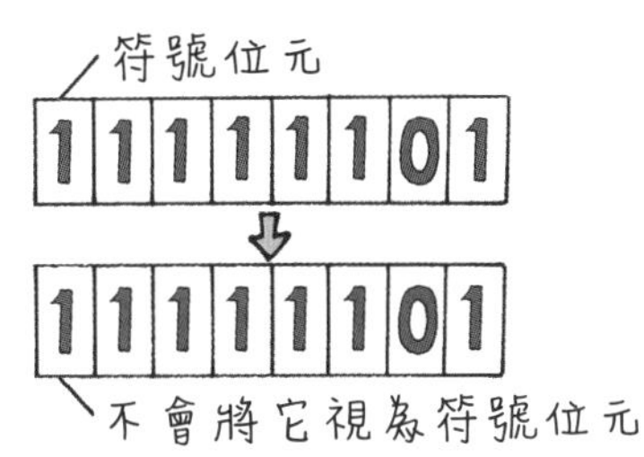

c 的數值會變成 253。

轉型運算子

以「(int)」為例，只要用（ ）包住型態名稱並編寫在值或變數的前方，就能讓它們變換成特定的型態。這樣的操作過程稱之為**型別轉換**（type casting），而（ ）則稱為**轉型運算子**（cast operator）。

範例

```
#include <stdio.h>

main()
{
    printf("3÷2=%f\n", 3/(float)2);
}
```

轉換成 float 型態

計算出除以 2 的答案。

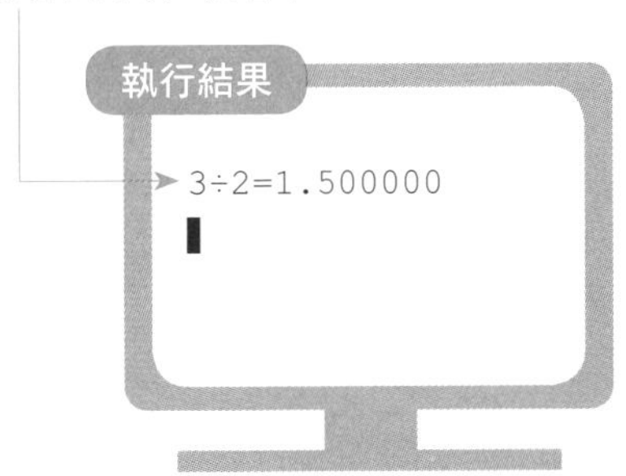

運算子的優先順位

在先前的內容裡，看過了所有基本的運算子，接下來要介紹這些運算子的優先順位。

運算子的優先順位

運算式通常都是由左至右來計算，不過像是「計算時要先算 × 後，再算＋」或「( )中要先計算」等，運算本身也有優先順位。而當運算式裡包含了多個運算子時，在 C 語言中會依照下表所列的優先順位進行計算。此外，若是同樣順位的運算子並列，要朝左右哪一個方向來執行運算也有規定。

<table>
<tr><th>優先順位</th><th>運算子</th><th>同順位時會依照順序關聯性決定由左至右（→）或由右至左（←）的執行順序</th></tr>
<tr><td>1</td><td>( ) [ ] . (period、成員選擇運算子)
-> (arrow、成員選擇運算子)
++ (後置) -- (後置)</td><td>→</td></tr>
<tr><td>2</td><td>! ~ ++ (前置) -- (前置) + (符號)
- (符號) & (指標) * (指標) sizeof</td><td>←</td></tr>
<tr><td>3</td><td>轉型運算子</td><td>←</td></tr>
<tr><td>4</td><td>* / %</td><td>→</td></tr>
<tr><td>5</td><td>+ -</td><td>→</td></tr>
<tr><td>6</td><td><< >></td><td>→</td></tr>
<tr><td>7</td><td>< <= > >=</td><td>→</td></tr>
<tr><td>8</td><td>== !=</td><td>→</td></tr>
<tr><td>9</td><td>& (位元運算子 AND)</td><td>→</td></tr>
<tr><td>10</td><td>^</td><td>→</td></tr>
<tr><td>11</td><td>|</td><td>→</td></tr>
<tr><td>12</td><td>&&</td><td>→</td></tr>
<tr><td>13</td><td>||</td><td>→</td></tr>
<tr><td>14</td><td>?: (三元運算子)</td><td>←</td></tr>
<tr><td>15</td><td>= += -= *= /= %= &= |= ^= <<= >>=</td><td>←</td></tr>
<tr><td>16</td><td>, (逗號運算子)</td><td>→</td></tr>
</table>

運算式的解讀方法

在此透過範例來觀察各種運算子的優先順位。

優先順位不同時

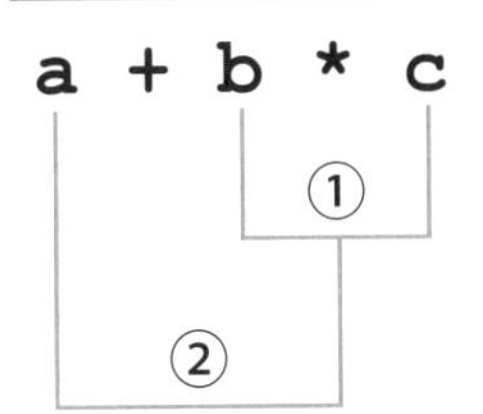

比起＋和－，優先計算＊和 / 的部分。

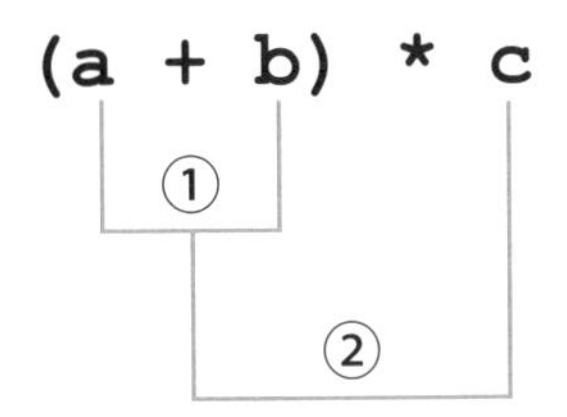

當以（ ）包住後會優先計算當中的部分。

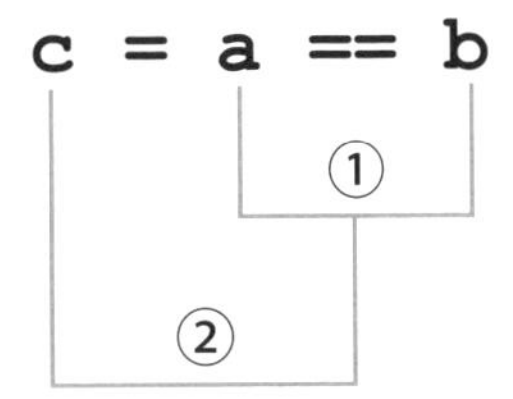

當 a 與 b 相同時會將 1 指派到 c，不同時則會指派 0。

優先順位相同時

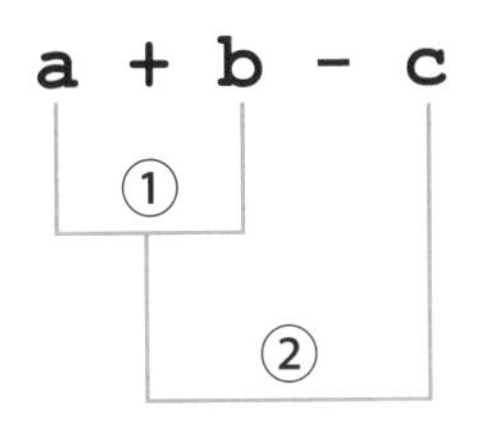

依照四則運算由左至右依序計算。

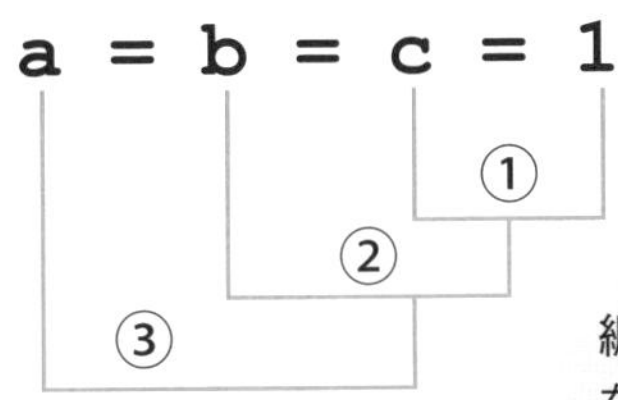

指派作業會從右邊開始執行。a、b、c 每一個值都會變成 1。

編寫複雜的運算式時，在適當的位置使用 ( ) 能讓閱讀變得更輕鬆。

範例

```
#include <stdio.h>

main()
{
    printf("2×8-6÷2 = %d\n", 2*8-6/2);
    printf("2×(8-6)÷2 = %d\n", 2*(8-6)/2);
    printf("1-2 + 3 = %d\n", 1-2+3);
    printf("1-(2 + 3) = %d\n", 1-(2+3));
}
```

執行結果

```
2×8-6÷2=13
2×(8-6)÷2=2
1-2+3=2
1-(2+3)=-4
```

COLUMN

～複雜的邏輯運算～

所謂邏輯運算，它是由各種條件搭配構成，推導出「真（true）」或「假（false）」的值，進而決定條件式成立與否。乍聽之下或許會覺得是艱澀的內容，但像這樣以各種條件來做出判斷的作業，其實處處存在於我們的日常生活當中。舉例而言，在店家購買商品時，當聽到店員告訴我們「一共 95 元」時，我們首先會看看錢包的零錢，確認裡頭到底有哪些銅板。有可能剛好有 95 元，也可能只有 5 元銅板。倘若只有 5 元銅板時，接下來我們會改而確認鈔票部分。這種自然做出的一連串行動，若一步步拆開來看其實正是所謂的判斷作業。

再舉一個例子讓讀者更具體瞭解邏輯運算。當我們想乘坐遊樂園裡的遊樂設施時，必定得要先符合該項遊樂設施的乘坐規定才行吧。例如下面所列舉的項目：

1. 6 歲以上（身高 130cm 以上可在大人陪同下乘坐）
2. 身高 130cm 以上
3. 患有心臟方面疾病者請勿乘坐

這裡將年齡換成 age，身高換成 height，「健康的身體」換成 health，「大人陪同」換成 pg 後，這項遊樂設施的乘坐條件就會搖身一變成為下方所示條件式，各位是否能看得出來呢？

```
((age >= 6 && height >= 130) || (height >= 130 && pg)) && health
```

這裡再來介紹一個閏年是否成立的條件式吧。成為閏年的年度必須要讓以下的條件成立：

1. 可以用 4 除盡的西元年
2. 不可以用 100 除盡的西元年
3. 若能以 400 除盡的西元年則包含在內

雖然看似是個非常複雜的條件，不過若透過 C 語言來編寫會成為下面的條件式。

（將西元年指派到變數 a）

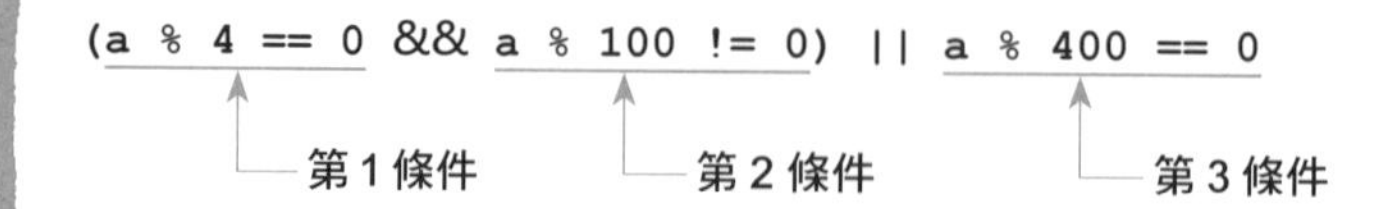

當上方條件式的值為 1（真）時是閏年，0（假）時則非閏年，整體感覺就像這樣。

3 迴圈控制

嘗試改變程式的執行流程吧！

本章要介紹許多在實際編寫程式時經常會用到的**控制敘述**。控制敘述的功能，簡單來說就是因應狀況改變程式執行流程的變換工具。

關於程式的執行流程，原本就像是水流由上往下流動般有一定的執行順序，但這樣一來只能進行單純的作業。像是「重複執行相同的處理程序」、「希望因應運算結果中斷處理程序」等，面對不同狀況，想必會衍生出上述的各種需求，此時正是控制敘述派上用場的機會。善用控制敘述後，就能讓程式回到先前的執行程序，或是立即中斷等。

首先，要介紹的是 **if** 敘述式，俗稱「if 條件式」或「if 條件敘述」等，當中的 if 與英文「if」這個單字有相同意義，它是以「如果～的話，就…」這個概念進行條件分支的迴圈控制。換言之，可以編寫條件「成立時」與「不成立時」這兩種情形下的程式執行程序。而在熟悉後，當然也可以使用多個 if 敘述式編寫兩個以上的執行程序。

緊接著登場的是 **for** 和 **while** 迴圈，兩者都是在想要「重複執行」時所使用的控制敘述。在 for 迴圈解說頁面的範例中，僅以四行程式就能在電腦上顯示出九九乘法表。本章會分別介紹 for 與 while 迴圈的用法。

另外，對於能夠輕鬆編寫出多個分支的 switch 敘述也有相關說明。以角色扮演遊戲為例，隨著玩家在多個選項中的選擇項目讓之後遊戲的進行有所改變，類似這樣的內容就可以靠 switch 敘述來實現。

善加活用控制敘述，就能讓電腦進行複雜的處理程序，但相對地，在編寫改變程式執行程序的內容時變成了一個**無窮迴圈**（永遠重複執行）等，也很容易發生程式內容出錯而無法順利執行的問題，因此務必要確實理解每個控制敘述的原理與編寫方式，並以謹慎和細心的態度來編寫程式。

if 條件式 (1)

「if 條件式」中的 if 與英文單字的「if（如果～的話）」有著相同的意思，而它也是 C 語言當中最基本的控制敘述。

何謂 if 條件式？

顧名思義可在希望隨條件變更處理程序時使用，而在條件方面則是使用**比較運算子**或**邏輯運算子**來指定條件式。一般俗稱為 if 條件式、條件敘述等。

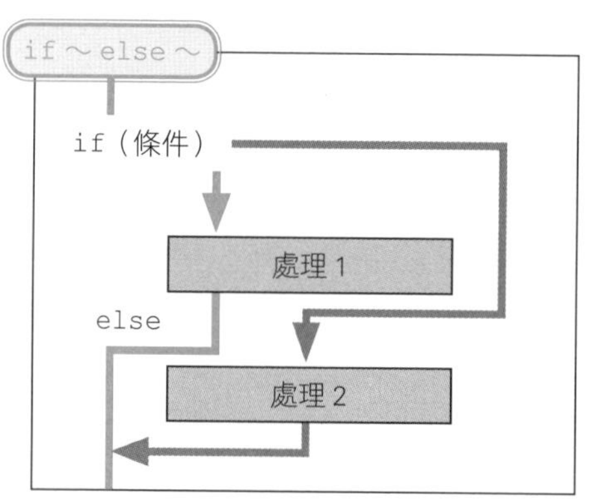

當條件成立 (true) 時就會執行「處理 1」，若不成立 (false) 時則會執行「處理 2」。

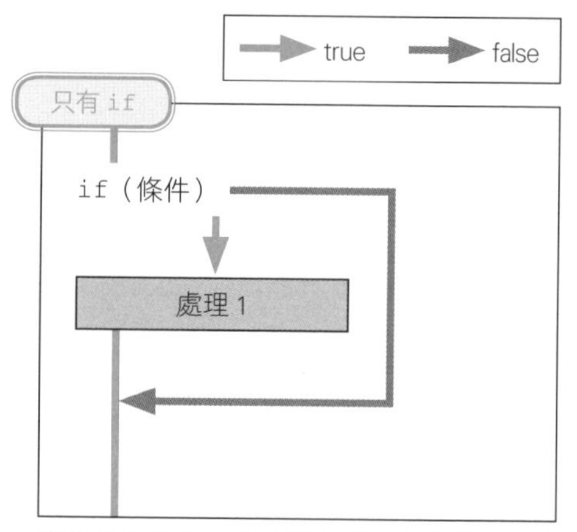

當條件成立 (true) 時就會執行「處理 1」，若不成立時不會有任何動作。

範例

```
#include <stdio.h>

main()
{
    int a = 5;

    if(a%2 == 0)
        printf("%d 是偶數。\n", a);
    else
        printf("%d 是奇數。\n", a);
}
```

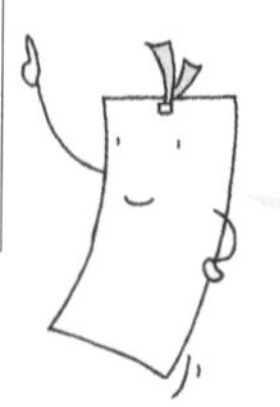

由於 5÷2 的餘數是 1，所以會執行 else 之下的處理程序。

≫ 程式區塊（block）

在左頁的「處理 1」和「處理 2」，基本上只有寫一段控制敘述。當要執行多個處理程序時，就必須用大括號 { } 包起來的方式讓整體看作是一個處理程序，這就是所謂的程式**區塊**（block）。

程式區塊中的控制敘述可透過 Tab 鍵縮排讓整體更整齊清楚。

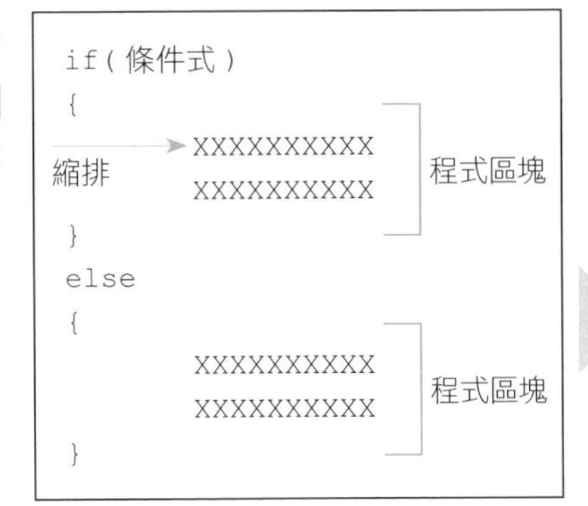

下面這種為了節省空間而採用的編寫方式也相當常見。

```
if( 條件式 ) {
        XXXXXXXXXX
        XXXXXXXXXX
} else {
        XXXXXXXXXX
        XXXXXXXXXX
}
```

範例

```
#include <stdio.h>

main()
{
        int s = 65;

        printf(" 你的分數為 %d 分。\n", s);

        if(s < 70)
        {
                printf(" 到達平均還差 %d 分。\n", 70-s);
                printf(" 再加油吧！ \n");
        }
        else
        {
                printf(" 做得很好！ \n");
        }
}
```

程式區塊（if 的 { } 部分）

雖然不需要程式區塊，但設置也無妨。（else 的 { } 部分）

執行結果

```
你的分數為 65 分。
到達平均還差 5 分。
再加油吧！
```

if 條件式 (2)

學習如何藉由複雜構造的程式，來活用 if 條件式的技巧。

連續的 if 條件式

下面範例中要嘗試編寫多個條件，再隨成立的條件來採用不同處理程序的 if 條件式。

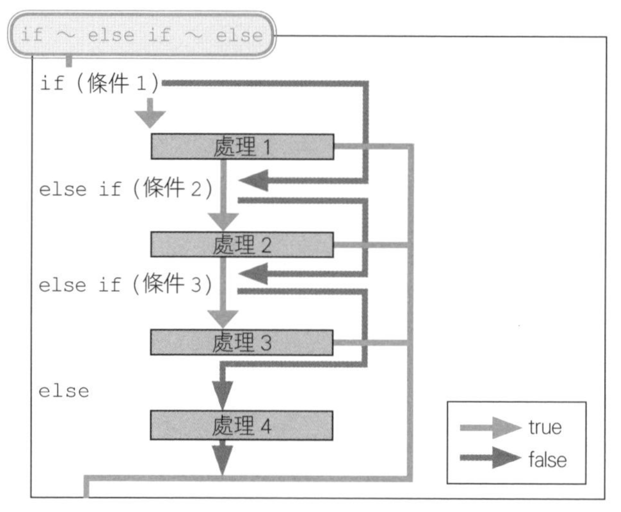

條件 1 成立 → 執行處理 1
條件 2 成立 → 執行處理 2
條件 3 成立 → 執行處理 3
沒有任何一項成立 → 執行處理 4

範例

```
#include <stdio.h>

main()
{
        char c = '#';

        printf("%c是", c);

        if('0' <= c && c <= '9')
                printf("數字。\n");
        else if('a' <= c && c <= 'z')
                printf("小寫字母。\n");
        else if('A' <= c && c <= 'Z')
                printf("大寫字母。\n");
        else
                printf("符號。\n");
}
```

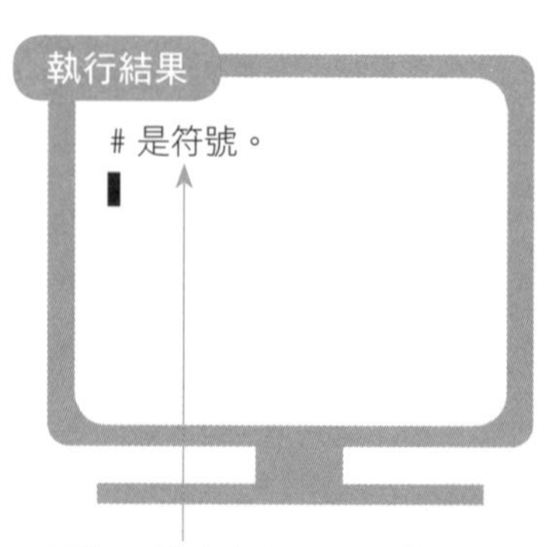

因為不符合任何一項條件，所以會執行 else 以下的處理程序。

巢狀的 if 條件式

由 if 條件式起始的控制敘述中，可以在處理程序中再加入控制敘述，這部分稱之為**巢狀 if 條件式**（nested if-else），或者也稱為「巢狀 if」、「巢狀 if-else 陳述」等。

適當地運用縮排讓各行齊頭能有助於閱讀內容。

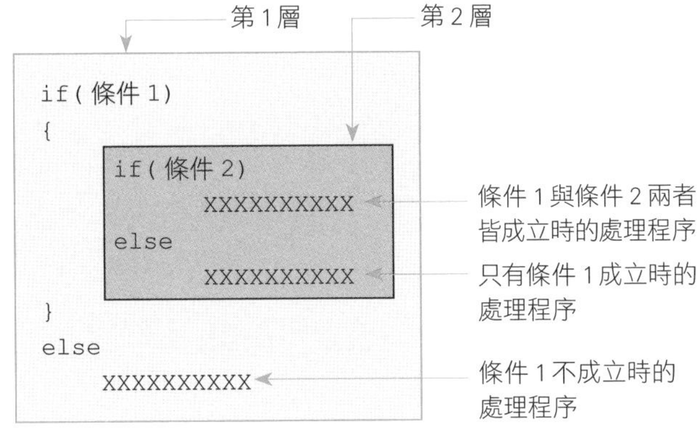

範例

```
#include <stdio.h>

main()
{
    int a = 90;

    if(a > 80)
    {
        if(a == 100)
            printf(" 恭喜得到滿分。\n");
        else
            printf(" 就差一點囉。\n");
    }
    else
        printf(" 再加油吧。\n");
}
```

這裡是針對條件成立的情形下編寫進一步做判斷的巢狀 if 條件式。

執行結果

```
就差一點囉。
▌
```

for 迴圈

在程式當中，經常會碰上必須重複執行相同處理程序的情形，這個時候正是 for 迴圈（for loop）派上用場的時機。

何謂「for 迴圈」？

為了讓重複執行的處理程序變得更有效率，必須仰賴 for 迴圈。一般會搭配計數器（counter）藉由值來決定重複執行的次數。

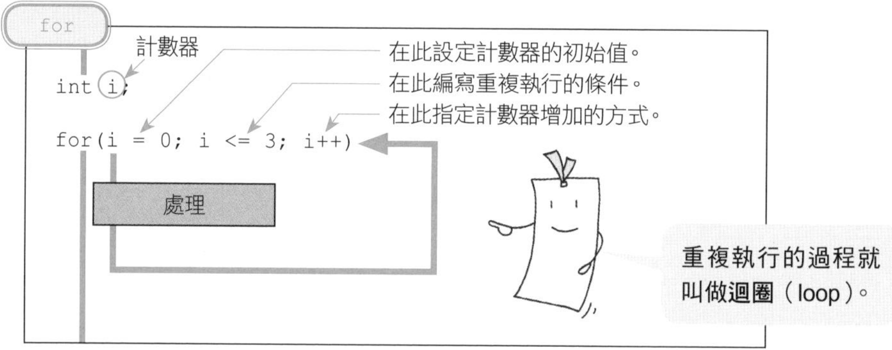

這裡 i 的初始值為 0，每次會增加 1，在 3 以下的情形下會重複執行處理程序。

範例

```
#include <stdio.h>

main()
{
    int i;
    for(i = 1; i < 4; i++)
        printf(" 您好 %d\n", i);
}
```

執行結果

```
您好 1
您好 2
您好 3
```

處理的順序

- 將 1 指派到變數 i
- 顯示 "您好 1"
- 執行 i++ (i = 2)
- 因為 i < 4，所以重複執行
- 顯示 "您好 2"
- 執行 i++ (i = 3)
- 因為 i < 4，所以重複執行
- 顯示 "您好 3"
- 執行 i++ (i = 4)
- 因為 i < 4 不成立而中斷迴圈

≫ 雙重迴圈

可以在重複執行的程序當中再加入重複執行的程序，這種使用兩個 for 迴圈的情形就叫做**雙重迴圈**。

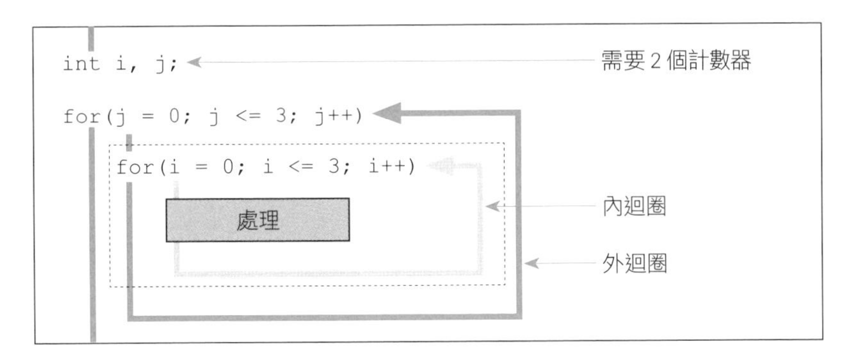

在雙重迴圈中，值的變動會如以下範例所示。

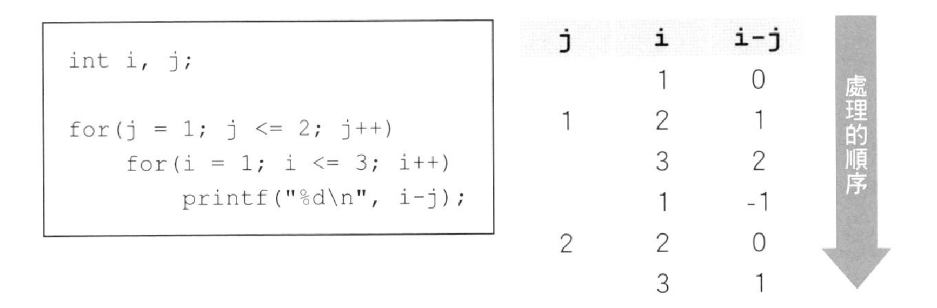

範例

```
#include <stdio.h>

main()
{
   int i, j;

   for(j = 1; j <= 9; j++)
       for(i = 1; i <= 9; i++)
           printf("%d×%d=%d\n",j, i, j*i);
}
```

執行結果

```
1×1=1
1×2=2
⋮
9×8=72
9×9=81
```

會顯示所有九九乘法的內容。

while 迴圈

當沒有事先決定好重複執行的次數時，就要使用 **while** 迴圈（while loop）。

何謂 while 迴圈？

while 迴圈是只有在特定條件成立的狀況下才會重複執行的控制敘述。

它與 for 迴圈的不同之處在於沒有附上計數器。像是透過鍵盤來輸入等，主要是用在無法事先安排好重複執行次數等情形。

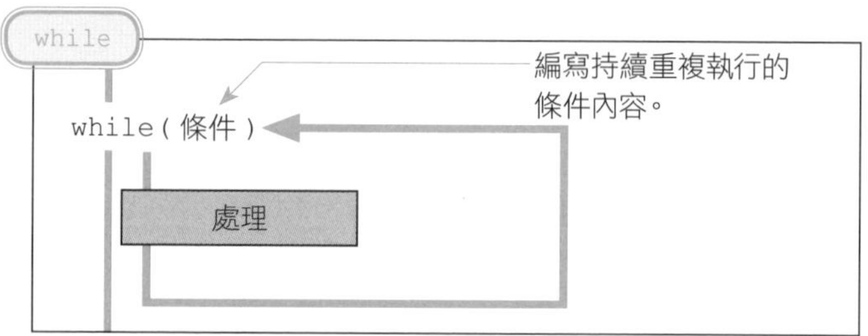

只要條件成立就會重複執行處理程序。

do ～ while 迴圈

do ～ while 迴圈與 while 迴圈同樣是重複執行的控制敘述。在 while 迴圈當中會先判斷條件後再執行處理程序，因此一旦首次的條件不成立時，將不會進行任何的重複執行處理程序。相對於此，do ～ while 迴圈敘述因為條件寫在下方，所以必定會執行 1 次處理程序。

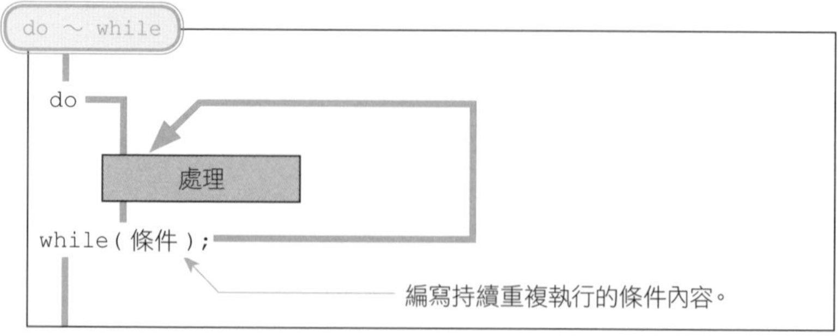

只要條件成立就會重複執行處理程序。(必定會執行 1 次)。

範例

```
#include <stdio.h>

main()
{
    char a;
    do {
        a = getchar();
        printf("%c", a);
    } while(a != 'e');
}
```

getchar( ) 函數
可以得到一個透過鍵盤輸入的半形文字。

直到透過鍵盤輸入 e 為止會持續顯示。

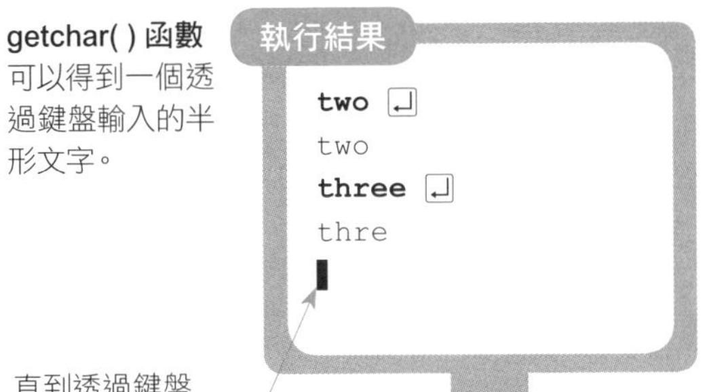

※ 粗體字為透過鍵盤輸入的文字。

因為是 do ～ while 迴圈，所以在顯示第 1 個 e 之後就會中斷迴圈。

注意無窮迴圈的問題

在 while 迴圈等重複執行的控制敘述中，一旦不小心指定了能經常保持成立的條件，就會讓處理程序變成永遠在重複執行。這種情形就叫做**無窮迴圈**，也是一種程式錯誤（bug）。

編寫時必須注意條件與重複執行處理程序的內容，避免產生無窮迴圈的情形。

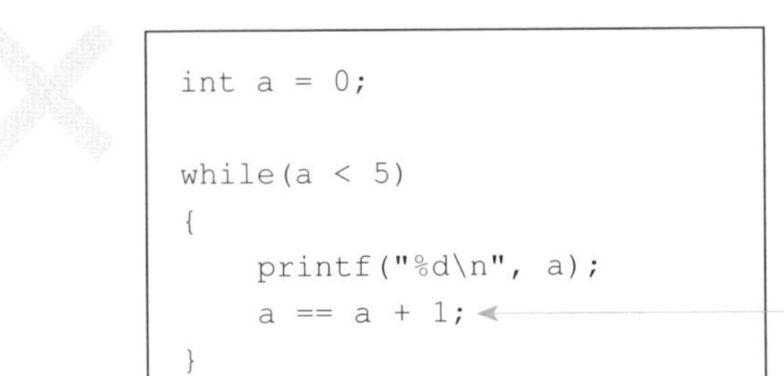

```
int a = 0;

while(a < 5)
{
    printf("%d\n", a);
    a == a + 1;
}
```

在希望以 a = a+1; 來讓 a 增加的地方不小心寫錯了。這樣一來 a 的值將不會改變，因此會變成無限迴圈。

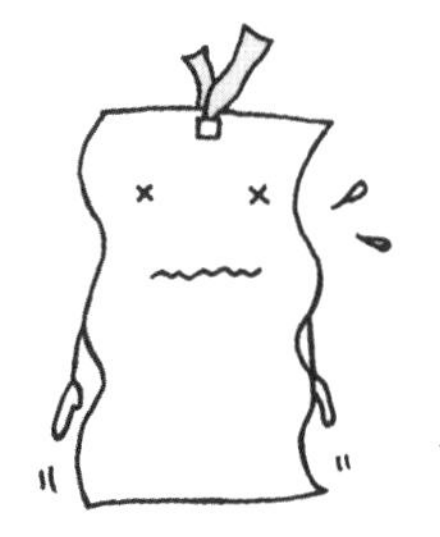

迴圈將會永無止境地執行。

迴圈的中斷

在此將介紹改變迴圈等處理程序時所使用的 break 敘述（break statement）和 continue 敘述（continue statement）其功能與差異。

停止執行迴圈

若要在 for 迴圈或 while 迴圈等重複執行的過程中跳出迴圈，可以使用 **break** 敘述。一旦迴圈等程式執行的過程中碰到了 break 敘述，就會跳出該程式敘述區塊。

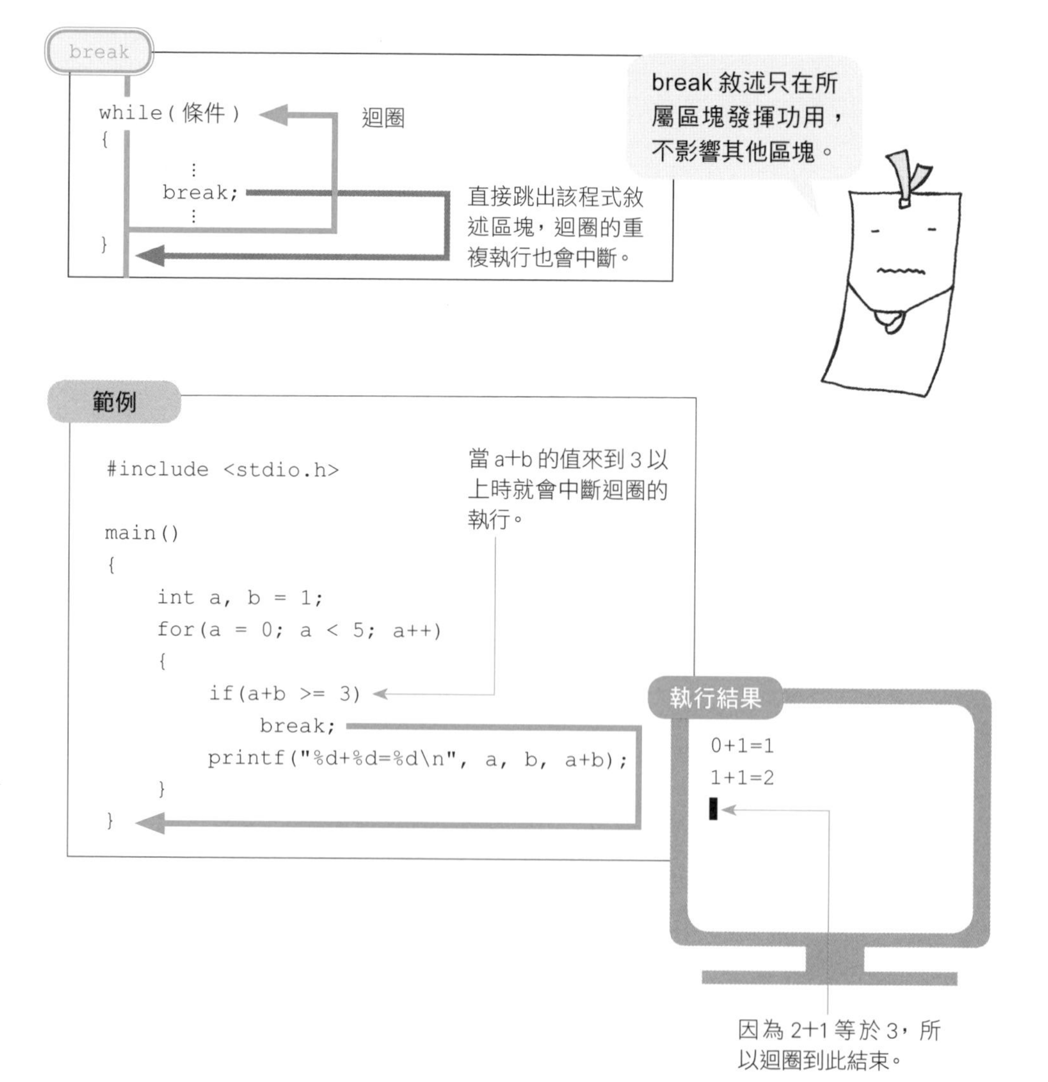

中斷迴圈後的敘述並重新繼續下一個迴圈

相對於 break 敘述會中斷該迴圈的整體執行程序，**continue** 敘述則是只會中斷該次迴圈的處理程序，接著回到迴圈的起頭處並重新繼續執行下一個迴圈。

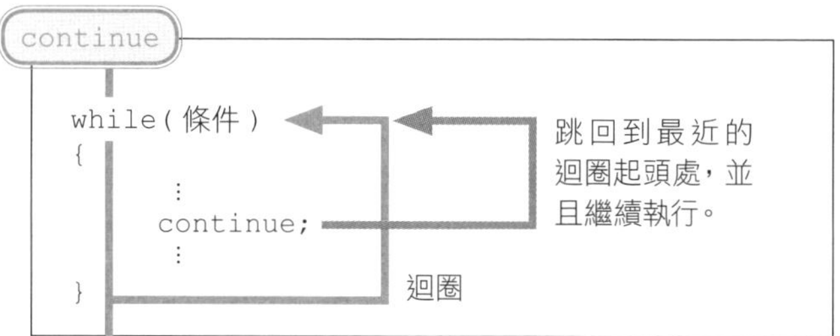

範例

```
#include <stdio.h>

main()
{
    int a, b = 1;
    for(a = 1; a < 5; a++)
    {
        if(a+b == 3)
            continue;
        printf("%d+%d=%d\n", a, b, a+b);
    }
}
```

當 a+b=3 時，會直接回到該迴圈的起頭處。

執行結果

```
1+1=2
3+1=4
4+1=5
```

2+1 等於 3，因此不會顯示於畫面，並繼續執行下一個迴圈。

switch 敘述

透過 switch 敘述（switch statement）的運用，可以讓原本擁有多個選項的分支處理程序，編寫起來更聰明精簡。

處理程序的選擇

switch 敘述會在名為 **case** 的多個選項中，依照 switch( ) 括弧中的值或字元來選擇符合的 case 並執行其處理程序，倘若值或字元不符合任何 case，則會執行 default 敘述。另外，各個選項的最後會加上 break 敘述，讓程式僅會執行選擇 case 的處理程序。

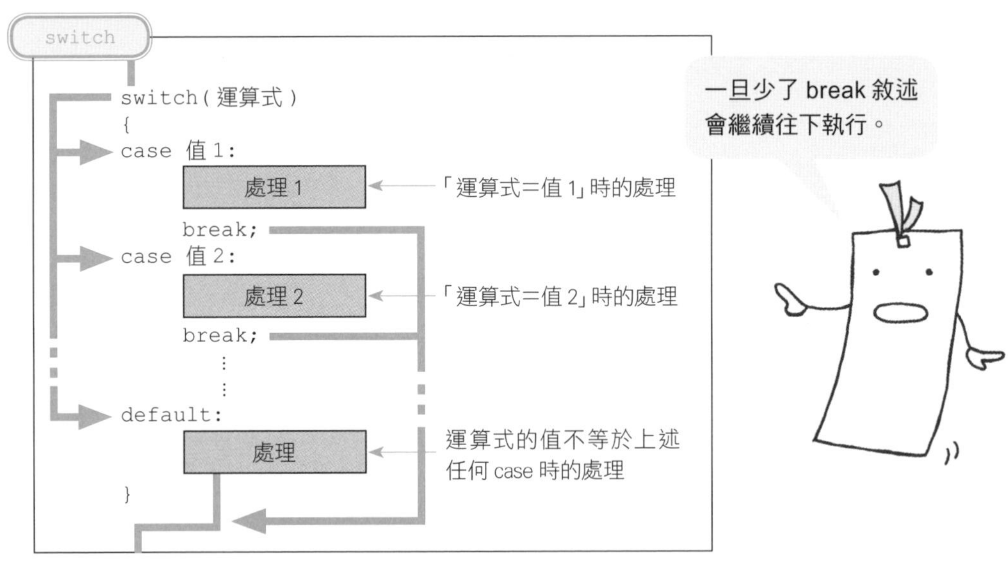

隨著運算式來選擇不同的處理程序並執行。

關於上面的「運算式」，值的部分只能使用單一數字或字元。若是碰上其他的情形，請改成使用「if ～ else if ～ else」。

```
char s[16];

switch(s)
{
case "Hello":
    printf("Hello");
    break;
    :
}
```

```
char s[16];

if(strcmp(s,"Hello") == 0)
        printf("Hello");
else if( ···
      :
```

如同下面範例，編寫多個 case 後，當運算式與值 1 或值 2 一致時就會啟動相應對的處理程序。

```
switch( 運算式 )
{
    case 值 1:
    case 值 2:
      處理
        break;
          ⋮
}
```

範例

```
#include <stdio.h>

main()
{
        char a;

        printf(" 請在 1 ～ 3 當中輸入喜歡的數字 \n");
        a = getchar();

        switch(a)
        {
        case '1':
                printf(" 中吉 \n");
                break;
        case '2':
                printf(" 大吉 \n");
                break;
        case '3':
                printf(" 小吉 \n");
                break;
        default:
                printf(" 輸入錯誤 \n");
        }
}
```

case 只能使用單一數字或字元，可對照 ASCII 字元表。

執行結果

```
請在 1 ～ 3 當中輸入喜歡的數字
2 ↵
大吉
▌
```

顯示結果

※ 粗體字是透過鍵盤輸入的文字

程式範例

字數統計器

在這裡用程式來計算透過鍵盤輸入的中英文單字（單字：透過空格或標點符號來區隔的字元集合體）的字數，編寫時必須考量多少空格下會繼續計算的問題。只需輸入 Enter 鍵就能結束程式。

原始碼

```
#include <stdio.h>

main()
{
     char c = '\0';    /* 透過鍵盤輸入的 1 個字元 */
     char prevletter; /* 取得先前的字元 */
     int wordnum;      /* 字數 */
     int word_in;      /* 輸入單字時 true*/

     while(1)
     {
          wordnum = 0;
          word_in = 0;
          prevletter = '\0';
          printf("請輸入文字:");
          while(1)
          {
               c = getchar();
               if(c == '\n')
               {
                    if(word_in)
                         wordnum++;
                    break;
               }
               prevletter = c;
               if(c == ' ' || c == '.')
               {
                    if(word_in)
                    {
                         wordnum++;
                         word_in = 0;
                    }
               }
               else
                    word_in = 1;
          }
          if(prevletter == '\0')
               break;
          printf("字數:%d\n", wordnum);
     }
}
```

- while(1)：處理程序相當單純，因此刻意寫成無限迴圈。
- 輸入 Enter 鍵時會跳出內側迴圈。（倘若單字尚未結束時會加算到單字數）
- 判定文字，若單字之後為切割字元時，字數增加。
- if(prevletter == '\0')：若沒有輸入任何文字會跳出外側迴圈。
- 一行份的處理（會逐一處理輸入的字元）
- 回到最初重新輸入文字

※ 粗體字是透過鍵盤輸入的文字

執行結果

請輸入文字：**I love cat.** ↵
字數：**3**
請輸入文字：**I love dog, too!** ↵
字數：**4**
請輸入文字：

● 顯示 ASCII 字元表

顯示 32 ～ 127 號的 ASCII 字元表（16 進位、10 進位、字元），0 ～ 31 號為無法在畫面上顯示的字元，因此不會顯示。

原始碼

```
#include <stdio.h>

main()
{
     int x, y;                    /* 迴圈計數器 */
     char c;                      /* 字元編號 */

     for(x = 2; x < 8; x++)
          printf("16: 10:c | ");
     printf("\n");
     for(x = 2; x < 8; x++)
          printf("---------+-");
     printf("\n");

     for(y = 0; y < 16; y++)
     {
          for(x = 2; x < 8; x++)
          {
               c = x * 16 + y;
               printf("%2X:%3d:%c | ", c, c, c);
          }
          printf("\n");
     }
}
```

最上行的顯示內容
16 為 16 進位、10 為 10 進位、c 為字元的簡稱

第 2 行

一行份的顯示內容

執行結果

```
16 :10 :c | 16 :10 :c | 16 :10 :c | 16 :10 :c | 16 :10 :c | 16 :10 :c |
---------------+---------------+---------------+---------------+---------------+---------------+-
20 :32 :  | 30 :48 :0 | 40 :64 :@ | 50 :80 :P | 60 :96 :` | 70 :112 :p |
21 :33 :! | 31 :49 :1 | 41 :65 :A | 51 :81 :Q | 61 :97 :a | 71 :113 :q |
22 :34 :" | 32 :50 :2 | 42 :66 :B | 52 :82 :R | 62 :98 :b | 72 :114 :r |
23 :35 :# | 33 :51 :3 | 43 :67 :C | 53 :83 :S | 63 :99 :c | 73 :115 :s |
24 :36 :$ | 34 :52 :4 | 44 :68 :D | 54 :84 :T | 64 :100 :d | 74 :116 :t |
25 :37 :% | 35 :53 :5 | 45 :69 :E | 55 :85 :U | 65 :101 :e | 75 :117 :u |
26 :38 :& | 36 :54 :6 | 46 :70 :F | 56 :86 :V | 66 :102 :f | 76 :118 :v |
27 :39 :' | 37 :55 :7 | 47 :71 :G | 57 :87 :W | 67 :103 :g | 77 :119 :w |
28 :40 :( | 38 :56 :8 | 48 :72 :H | 58 :88 :X | 68 :104 :h | 78 :120 :x |
29 :41 :) | 39 :57 :9 | 49 :73 :I | 59 :89 :Y | 69 :105 :i | 79 :121 :y |
2A :42 :* | 3A :58 :: | 4A :74 :J | 5A :90 :Z | 6A :106 :j | 7A :122 :z |
2B :43 :+ | 3B :59 :; | 4B :75 :K | 5B :91 :[ | 6B :107 :k | 7B :123 :{ |
2C :44 :, | 3C :60 :< | 4C :76 :L | 5C :92 :\ | 6C :108 :l | 7C :124 :| |
2D :45 :- | 3D :61 := | 4D :77 :M | 5D :93 :] | 6D :109 :m | 7D :125 :} |
2E :46 :. | 3E :62 :> | 4E :78 :N | 5E :94 :^ | 6E :110 :n | 7E :126 :~ |
2F :47 :/ | 3F :63 :? | 4F :79 :O | 5F :95 :_ | 6F :111 :o | 7F :127 :  |
```

COLUMN

～goto 敘述～

雖然 break 敘述或 continue 敘述這兩種控制敘述可以稍微運用點技巧來跳出迴圈或跳過執行程序，不過 **goto** 敘述也有相同的功能。就如同 goto 這個名稱，這是一個能夠跳轉到指定位置的控制敘述，像是跳過多個迴圈或直接跳到完全不同的位置等，都能藉由 goto 敘述實現。

goto 敘述可用底下的方式來編寫運用。

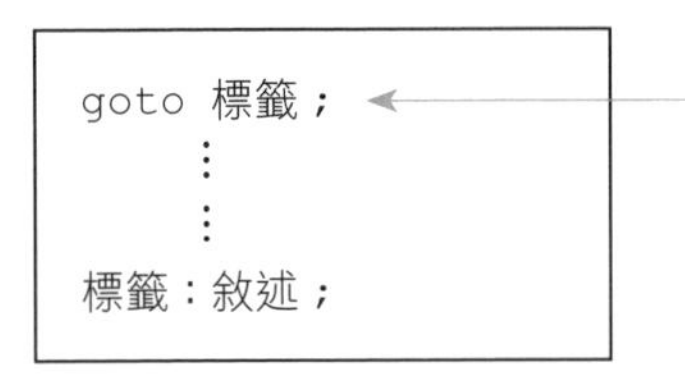

在想要跳轉的敘述前方加上「標籤」，接著以 goto ～ 的方式指定想要跳轉的標籤。

單就上方的介紹內容來看，似乎是個非常便利的控制敘述，但實際上 goto 敘述有「程式可讀性變差」這個大缺點。

一般程式的執行都是依照由上往下的程序來進行。雖然在包含 break 敘述或 continue 敘述這類控制敘述的程式區塊當中，執行程序會有所改變，但如果控制敘述的影響範圍會跨越程式區塊或迴圈時又將會如何呢？

簡單來說它會立即將程式帶往無秩序而難以理解的狀態，因此為了避免程式的混亂，應該要盡可能避免使用 goto 敘述。

想要一口氣跳出雙重迴圈，或是希望跳出 switch 敘述當中包含的迴圈等，此時 goto 敘述固然有用，不過大致上就算不用它也能實現相同的結果。學習程式語言時，請將「不要使用 goto 敘述」這個原則謹記在心吧。

4

陣列與指標

第 4 章的關鍵 key

讓程式內容更加簡單俐落

本章要學習關於**陣列**與**指標**的知識。陣列是將多個變數集合在一起並排成一列所形成的東西。舉例而言，宣告 int a[4]; 之後，代表有 4 個 int 型態的變數，當要使用其中一個箱子（元素）時，會透過 a[0]、a[1]、a[2]、a[3] 這種從 0 開始的索引編號來指定。因為 a[i] 這樣的變數可以當成索引編號來使用，所以比起用 a1、a2、…來增加變數的方式，無論程式的宣告或處理都會變得更簡單。

另外，在 int a[4] 這樣的範例當中，變數是以一排的一維形式並列，但其實也能夠以橫排與縱列兩者並列而成的二維陣列，甚至是三維陣列和四維陣列等。當碰上必須管理大量資料的情形，絕對少不了陣列的運用。

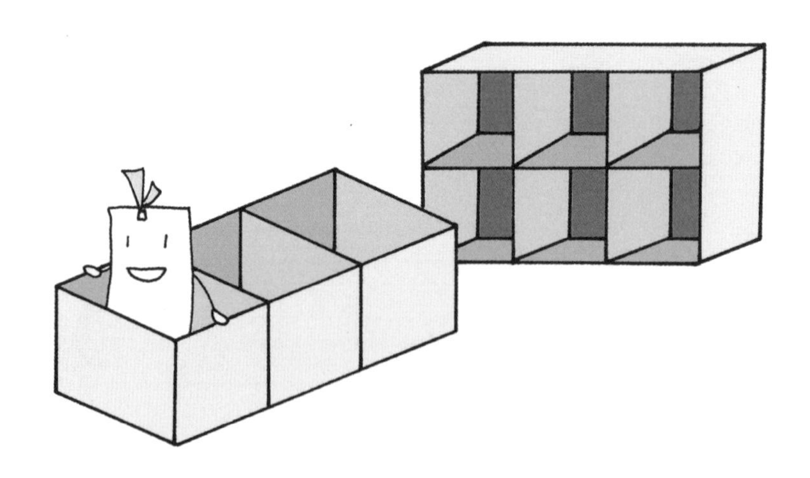

說到這裡，先前在第 1 章曾經提過「字串是一種陣列」這句話，在本章中會更深入認識陣列與字串的關係。在 C 語言中，要進行拷貝字串、搜尋字串等，有各種非常便利的函數功能，這部分也會一併做介紹。

『指標』與『陣列』有如膠似漆的關係？

所謂**指標**就是「管理資料所在位置所使用的變數」，光是聽到這樣的敘述，或許很難在腦海中浮現一個具體的概念，這裡就以餐廳為例，資料就像是一家餐廳，而指標則有如寫出餐廳所在位置的看板。

實際上，變數或指標都存在於記憶體，因此必須稍微談到電腦內部運作的相關話題。記憶體的內部會附上名為**位址**的數字，而存在於記憶體上的資料則是可透過位址來表示它所在的場所。聽到這裡，或許有些人心中會浮現「何必使用指標，直接使用位址不是更簡單嗎？」的疑問，但在各種電腦上，其實內部結構可說是別有洞天，不太具有一致性。另外，事實上指標與陣列之間有密切的關係，使用指標的方式能讓陣列的運用更加簡單俐落，本章內容也會談到這部分的概念。

關於『指標』的知識與概念，近年的程式語言已將它們包裝簡化到看不太見它們的身影，不過在面對 C 語言這種比較偏向硬體的程式語言，還是會用到指標來編寫程式。在這樣的環境下，相信有許多人看到時難免會心生恐懼。

無論是「雖然以前曾經學習過 C 語言，但還是搞不懂指標」的人，或是有「感覺起來好像有點麻煩」這樣想法的人，不妨都藉由這章的介紹來好好學習陣列與指標的相關知識。

陣列

若是相同型態的資料就能以**陣列**（array）的形式來統一管理運用。

陣列的概念

所謂**陣列**，它能將多個相同型態的變數整合在一起。在運用大量的資料或自動依序讀取多個資料時，陣列將會是個便利實用的功能。

陣列的宣告如下方範例所示。

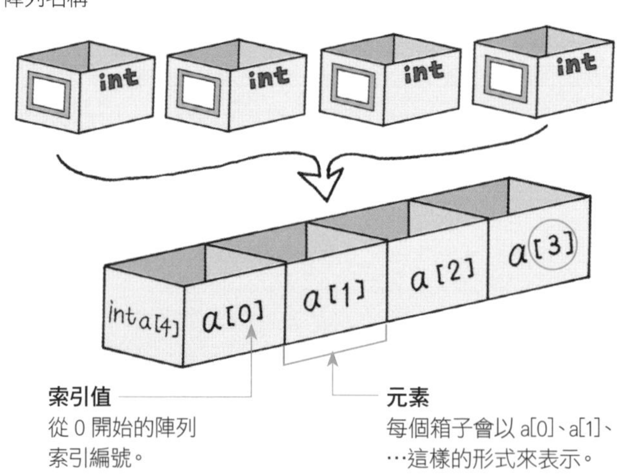

在陣列的初始化時使用 { } 來列舉值。

```
int a[4] = {1, 2, 3, 4};
```

[ ] 內的元數素可以省略。

```
int a[] = {1, 2, 3, 4};
```

會依據 { } 內的資料個數來自動決定元素數。

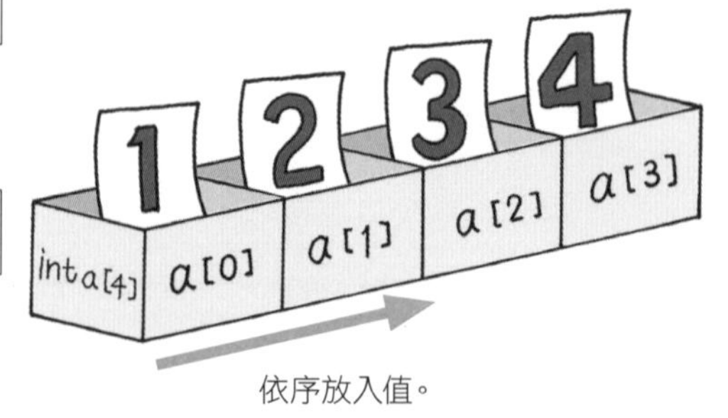

依序放入值。

陣列元素的參照與指派

陣列當中的每一個元素可如同普通的變數般**參照**（reference）與**指派**（assignment）。

```
int a[4];
int n = 1;

a[0] = 1;
a[1] = 2;
a[2] = 3;
a[3] = 4;
printf("%d\n", a[n]);
```

將值指派到 a[0] ～ a[3]

顯示 a[1] 的值

一旦『索引值』的數指定為「0」～「元素數 -1」以外的數值，執行時將會發生錯誤，要注意！

```
int a[4] = {1, 2, 3, 4};
printf("%d", a[4]);
```

a[4] 不在陣列的範圍內，因此程式會在執行過程中終止，或是有預期外的動作。

範例

```
#include <stdio.h>

main()
{
    int i;
    int a[] = {1, 2, 3, 4};

    for(i = 3; i >= 0; i--)
        printf("%d ", a[i]);
    printf("\n");
}
```

在索引值中指派變數並且自動顯示。

陣列與字串

陣列是將同型態資料整合在一起的功能，而**字串**則是字元的集合體。

陣列與字串的關係

字串是多個字元的集合體，先前在第 1 章已經學過要用陣列（**字元陣列**）來將字串納入其中。以字串而言，陣列的每個元素會納入一個字元。

```
char s[] = "ABC";
```

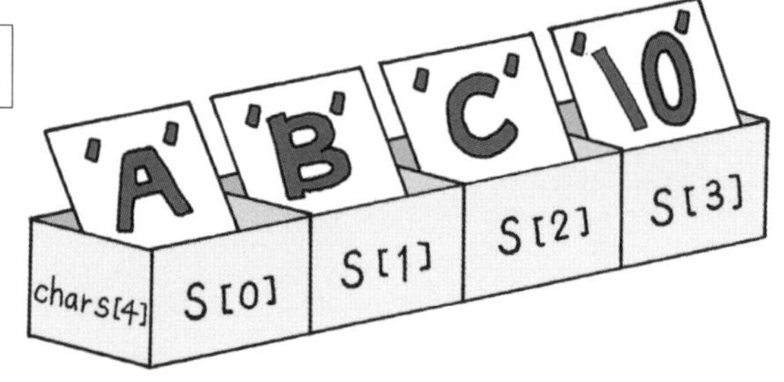

仿照陣列的初始化，下方的撰寫方式也會得到相同的結果。

```
char s[4] = {'A', 'B', 'C', '\0'};
```

空字元是必要的。

》字元單位的控制

運用陣列的概念，就能如下方範例單獨更換一個字元。

```
char s[4] = "Cat";
s[0] = 'R';    ← 在 0 號箱子指派 'R'。
```

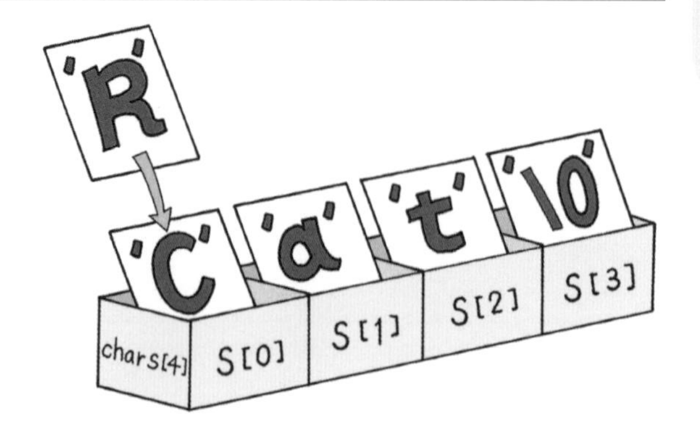

範例

```
#include <stdio.h>

main()
{
    int i = 0;
    char a[] = "NET";
    char b[4];

    while(a[i] != '\0')
    {
        b[i] = a[2-i];
        i++;
    }
    b[3] = '\0';
    printf("%s 顛倒過來唸會變成 %s\n", a, b);
}
```

來到空字元 '\0' 時會終止迴圈。

字串的最後必定為 '\0'。

執行結果

```
NET 顛倒過來唸會變成 TEN
```

i = 0	b[0] = a[2];
i = 1	b[1] = a[1];
i = 2	b[2] = a[0];
	b[3] = '\0';

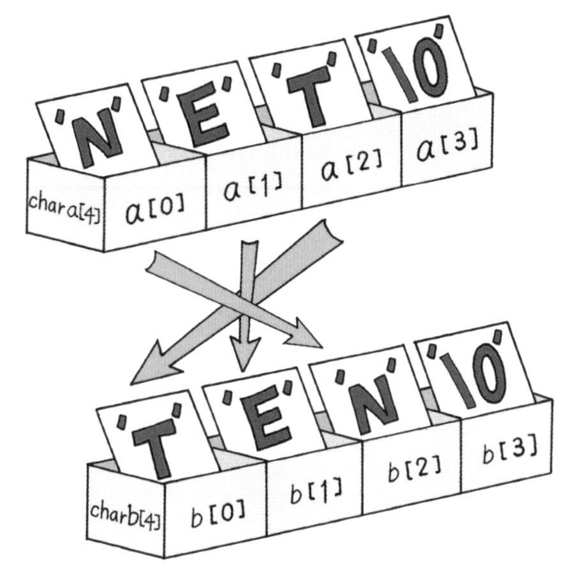

字串的自由活用

這裡從 C 語言基本的常備函數當中，挑選出活用字串所必須的便利函數來做介紹。

字串函數

在 C 語言中，備有操控字串的基本函數（字串函數）。想要使用字串函數，必須在程式的最前面加上如下所示的內容。

```
#include <string.h>
```

代表的字串函數如下方範例所示。

strlen( )　取得字串的長度

```
char s[] = "ABC";
int l;
l = strlen(s);
```

在變數 l 指派字串 s 的長度（空格也會被算進字元數）。

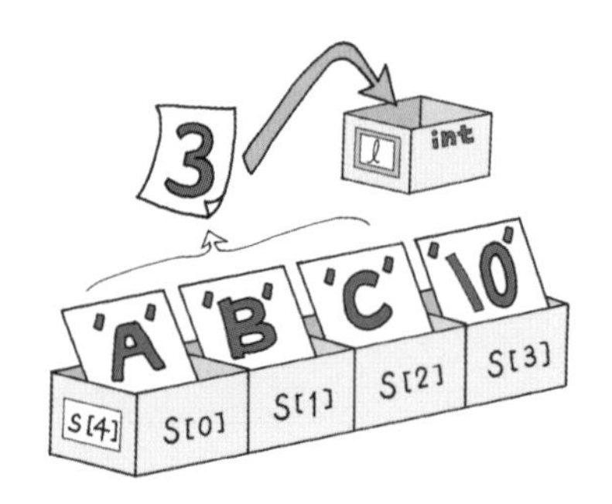

strcpy( )　拷貝字串

```
char s[6];
strcpy(s, "Hello");
```

將字串 "Hello" 拷貝到字串 s。

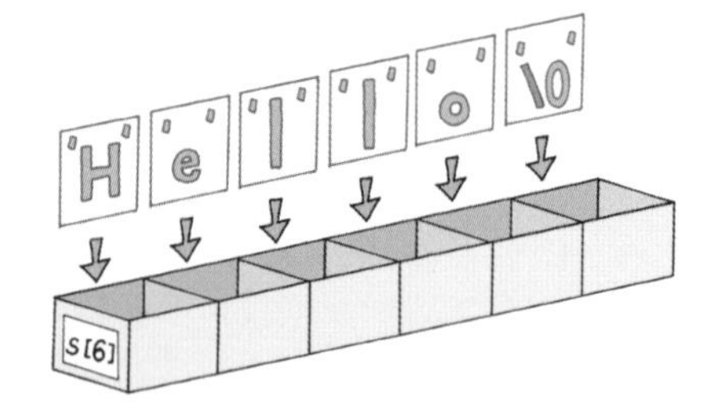

strcat( )　結合字串

```
char a[6] = "ABC";
char b[] = "de";
strcat(a, b);
```

將字串 b 結合到 a。

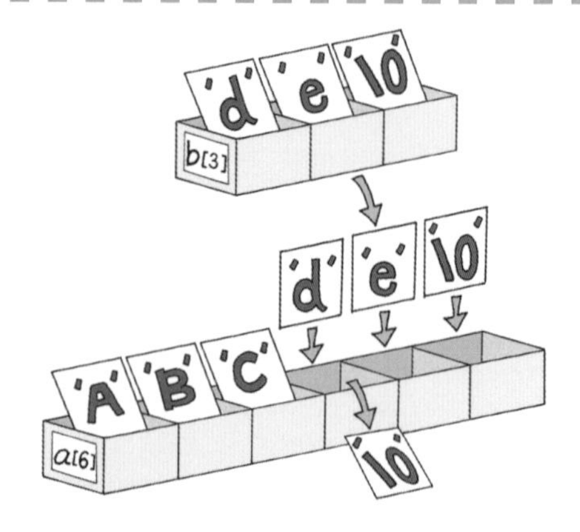

strcmp( )　字串比較

```
char a[] = "ABC";
char b[] = "ABCD";
int c = strcmp(a, b);
```

將字串 a 與字串 b 的比較結果指派到 c（不過字元的比較是基於 ASCII 字元表，所以大寫與小寫會被判定為不同）。在這個範例中 c 將會是負值。

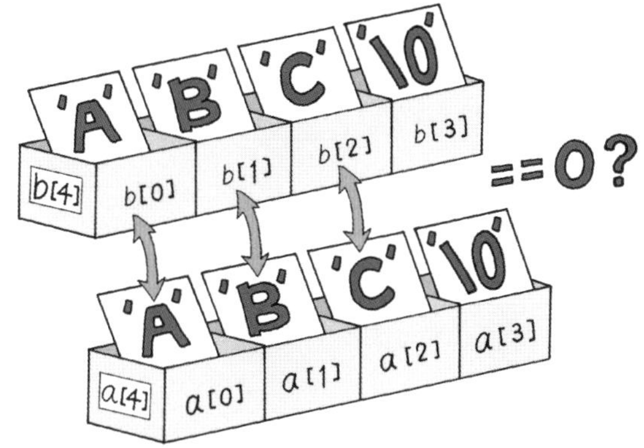

指派到 c 的值	意義
c == 0	a 與 b 相同
c > 0	字典式排序下 a 在 b 之後
c < 0	字典式排序下 a 在 b 之前

字串轉換的相關函數

下面列舉出經常會用到的轉換相關函數。

sprintf( )　將數值轉換成字串

```
char s[40];
sprintf(s, "%f", 143.5);
```

以 printf( ) 的要領將轉換成字串的結果指派到 s。

atoi( )　將字串轉換成值

```
char s[] = "340";
int n = atoi(s);
```

讓 s 轉換成 10 進位的整數並將結果指派到 n（需要 #include <stdlib.h>）。

範例

```
#include <stdio.h>
#include <string.h>

main()
{
    char s1[] = "cat", s2[] = "dog";
    char s[20];
    sprintf(s, "I love %s and %s.", s1, s2);
    printf("「%s」的字元數為 %d\n", s, strlen(s));
}
```

執行結果

```
「I love cat and dog.」的字元數為 19
```

多維陣列

像是表格等，在管理欄、列數量龐大的資料時，「**多維陣列**」（multi-dimensional arrays）將會是非常便利的功能。

何謂『多維陣列』？

到目前為止的陣列都是配合元素數朝橫向延伸的一維陣列結構，但接下來要朝二維陣列、三維陣列結構的方向拓展。陣列的維度可以因應需求拓展到四維陣列、五維陣列。

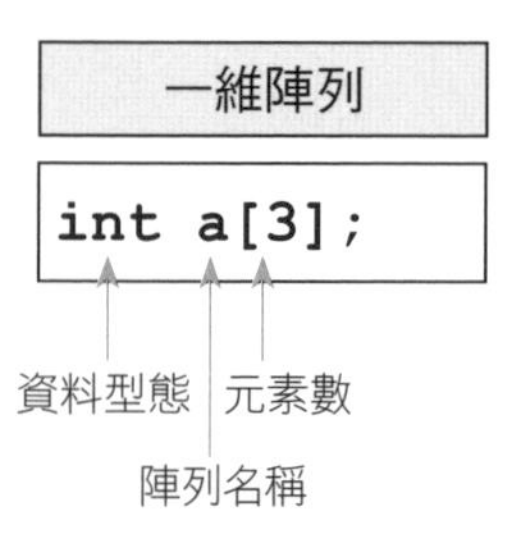

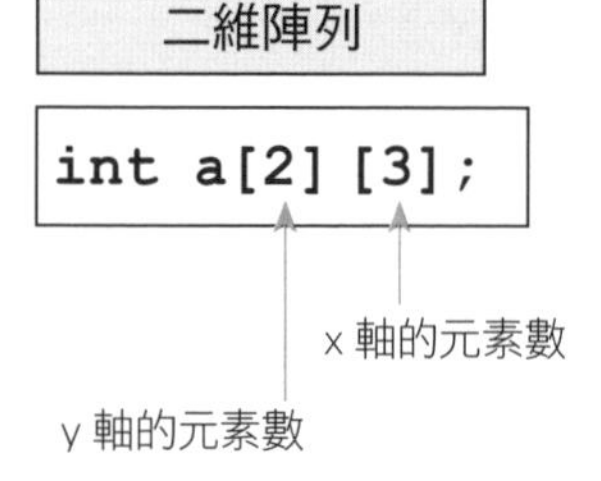

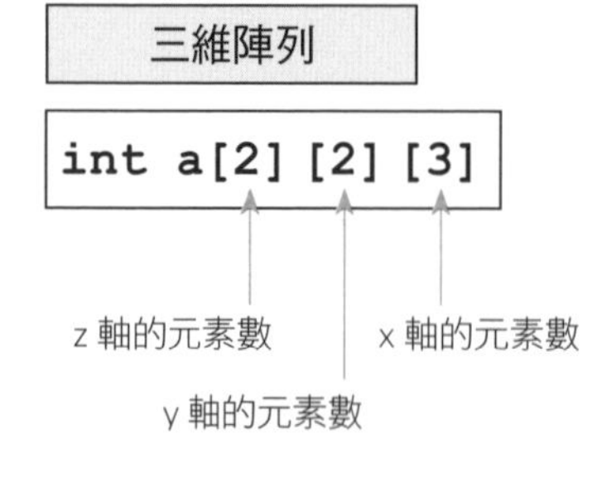

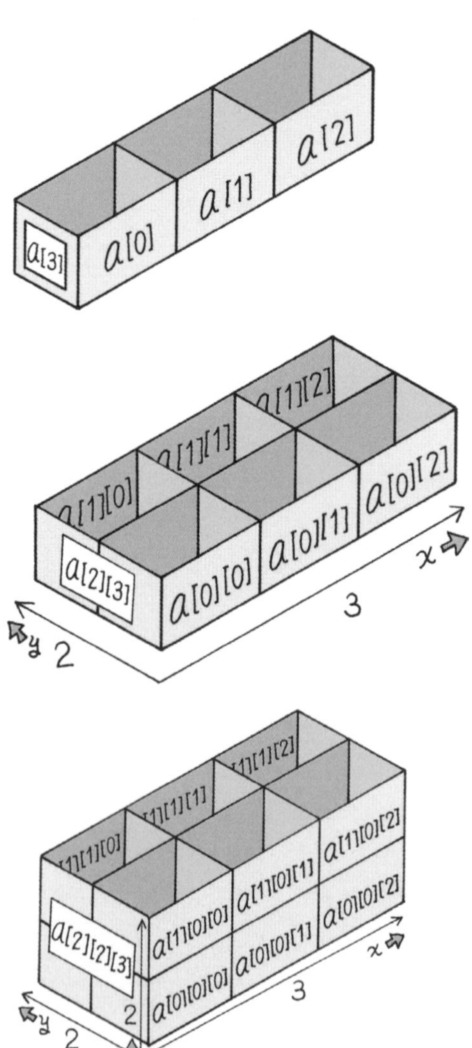

多維陣列的指派、初始化、參照

多維陣列的指派、初始化、參照可透過下方範例的方法來執行。

```
int a[2][3] = {
      {10, 20, 30},
      {40, 50, 60}
};
a[0][2] = 0;
printf("%d\n", a[1][0]);
```

初始化
要注意 { } 或逗號的組合。

將 0 指派到 a[0][2]。

參照 a[1][0]。

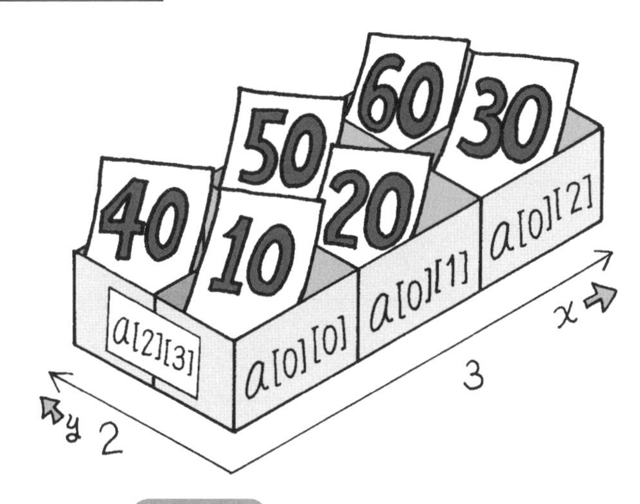

範例

```
#include <stdio.h>

main()
{
    int x, y;
    int a[2][3] = {
        {10, 20, 30},
        {40, 50, 60}
    };
    for(y = 0; y < 2; y++){
        for(x = 0; x < 3; x++)
            printf("a[%d][%d] = %d ", y, x, a[y][x]);
        printf("\n");
    }
}
```

執行結果

```
a[0][0]=10 a[0][1]=20 a[0][2]=30
a[1][0]=40 a[1][1]=50 a[1][2]=60
```

必須注意各個資料將
會放入哪個位置。

位址

變數和陣列實際上會存在電腦的記憶體中，在此就來認識它們到底是如何存入記憶體中。

何謂「 位址」？

無論變數和陣列的值都會被儲存在電腦的記憶體，而記憶體當中的每個位元組都會附上名為**位址**（address）的連續編號，像是資料存入何處等，都能透過這個編號來管理。

※ 實際上位址可能會有更多位數，這裡是為了便於說明而列舉 16 進位的四位數編號。

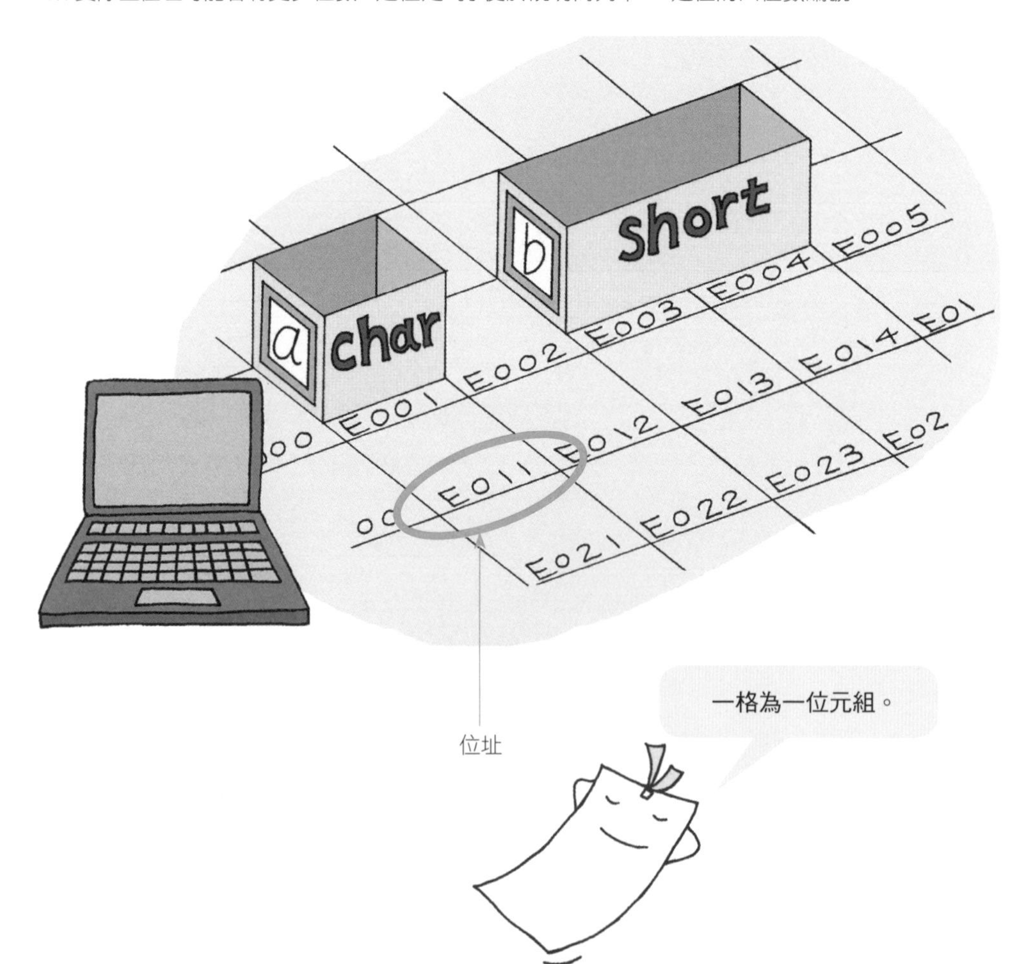

位址的顯示方法

在變數名稱的前方加上 & 之後就能顯示該變數所在的位置（位址）。

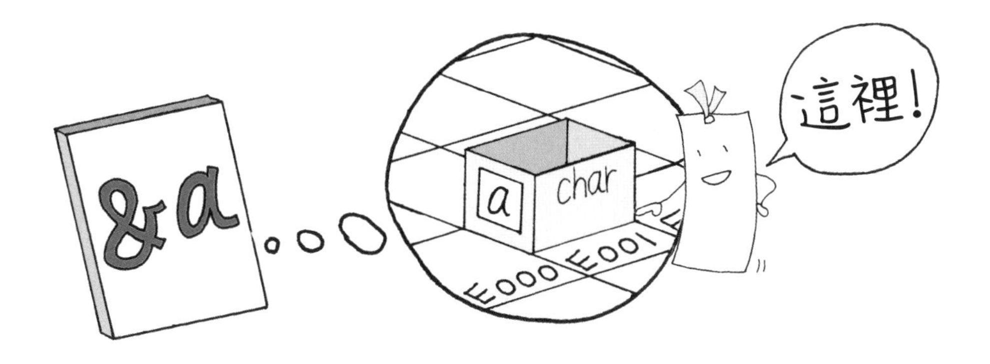

換言之，若資料存在左邊頁面當中的位址時，加上 & 之後就會變成…

&a = 0xE001
&b = 0xE003

範例

```
#include <stdio.h>

main()
{
    char a;
    short b;

    printf("a 的位址是在 %x、b 的位址是在 %x \n", &a, &b);
}
```

執行結果

```
a 的位址是在 XXXX、b 的位址是在 XXXX
```

這裡會顯示出位址。
（實際的值會隨執行環境而有所差異）

指標

在此將介紹儲存著記憶體上位址資訊的**指標**（pointer）來存取變數或陣列資料的方法。

何謂「指標」？

所謂的**指標**是個變數，當中儲存了由另一個變數等所在記憶體位置（位址）轉化而成的值。指標本身有資料型態的區別，下方的範例中，就是宣告一個 char 型態指標變數 p 的方法。

指標 p 的宣告

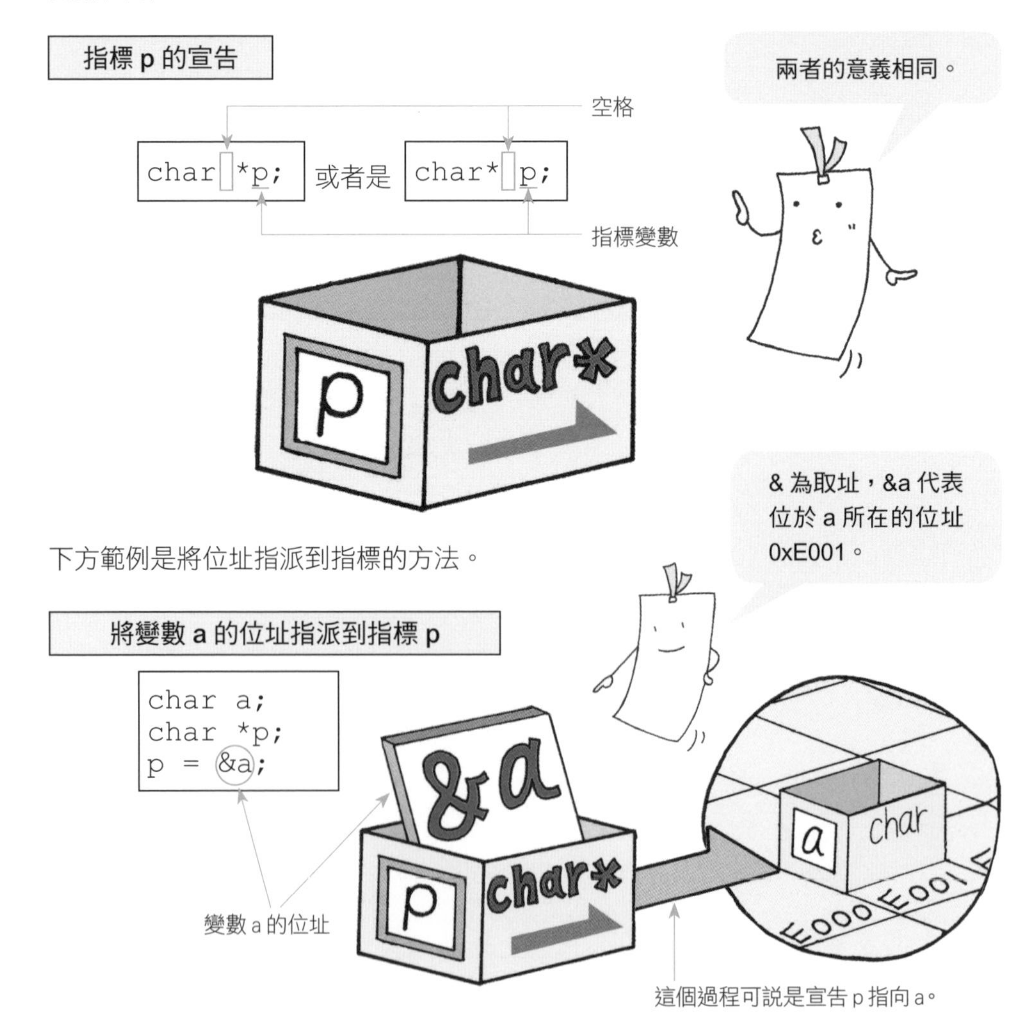

下方範例是將位址指派到指標的方法。

將變數 a 的位址指派到指標 p

```
char a;
char *p;
p = &a;
```

參考指標指向的值

在指標名稱前加上 * 之後，就會參考該指標指向的資料。

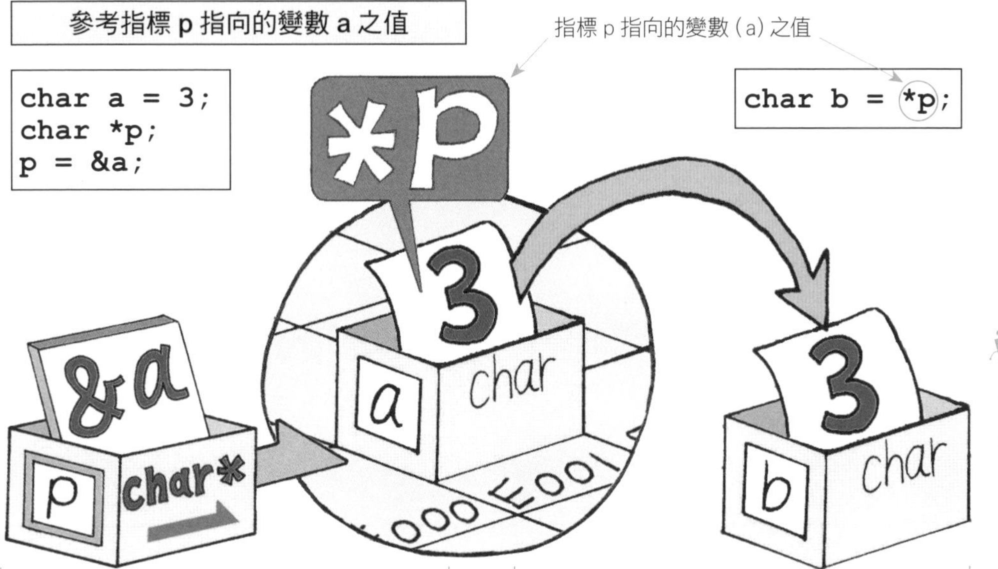

將變數 a 的位址指派到指標 p

使用指標 p 將變數 a 的值指派到變數 b

b = *p 的「*」與 char *p 的「*」有不同的意義。

範例

```
#include <stdio.h>

main()
{
        char x = 4, y;
        char *p = &x;
        y = *p;
        printf("變數 x 的值為 %d。\n",y);
}
```

將變數 x 的位址指派到指標 p（char *p = &x;）

將指標 p 所指向的變數之值指派到變數 y（y = *p;）

執行結果

變數 x 的值為 4。

空指標

在此將介紹運用指標時的注意事項，還有未指向任何地方的「**空指標**」（null pointer）。

參照的錯誤運用

當運用指標時，必定要讓指向該值的位址存在著資料。若是在指標未初始化的狀態下使用，將會發生指向空無一物的問題，而這也是執行時發生錯誤的原因。

參考指標 p 指向的值？

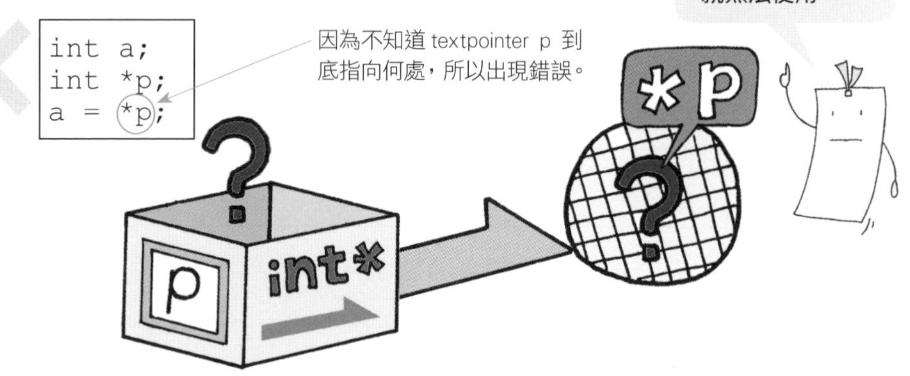

空指標

在程式當中，若是很明確希望不指向任何地方時，就會使用**空指標**。空指標可以納入任何資料型態的指標。

讓指標 p 以 NULL 來初始化

```
int *p = NULL;
```

想要調查指標 p 是否有效，可藉由下方所示的方法。雖然 NULL 有如指標版的「0」，但實際的值也會是 0，因此也能以邏輯運算的方式編寫。

p 為有效？	`if(p != NULL)`	或者是	`if(p)`
p 為無效？	`if(p == NULL)`	或者是	`if(!p)`

因為假（false）的值也是0。

範例

```
#include <stdio.h>
#include <string.h>

main()
{
    char s[] = "I love cat.";
    char c = 'd';
    char *p = NULL;

    printf("在「%s」這句話當中", s, c);
    p = strchr(s, c);
    if(!p)
        printf("並沒有字母「%c」。\n");
    else
        printf("發現了字母「%c」。\n");
}
```

執行結果

```
在「I love cat.」這句話當中並沒有字母「d」。
```

strchr( ) 函數

在字串當中搜尋指定的字元。

- 發現指定字元時，會傳回該字元最初出現位址的指標。
- 若沒有指定字元時，則會傳回 NULL。

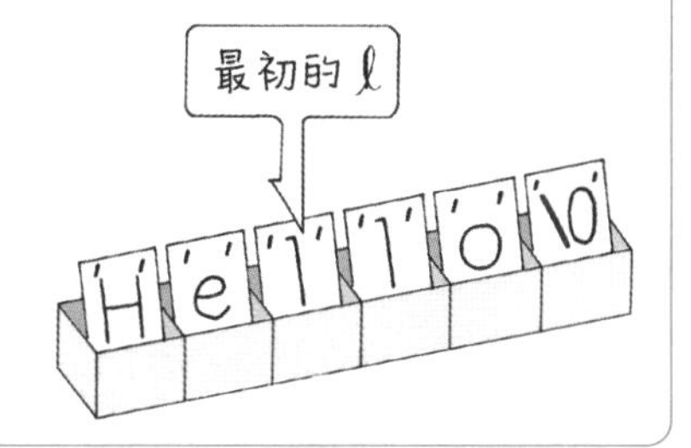

指標與陣列

在 C 語言當中，陣列名稱與指標之間有著密切的關係。

指標與陣列

陣列名稱會指向該陣列第一個元素，因此也是個指標。

```
int a[4];
```

…a 代表了指向 a[0] 的指標。

不需要使用「&」
（取得位址的符號）。

想要呼叫陣列第一個元素之後的其他元素，可以透過指標的加法來取得。另外，指標的加減只能夠以整數來進行。

```
int *p = a+2;
```

```
int *q = p-1;
```

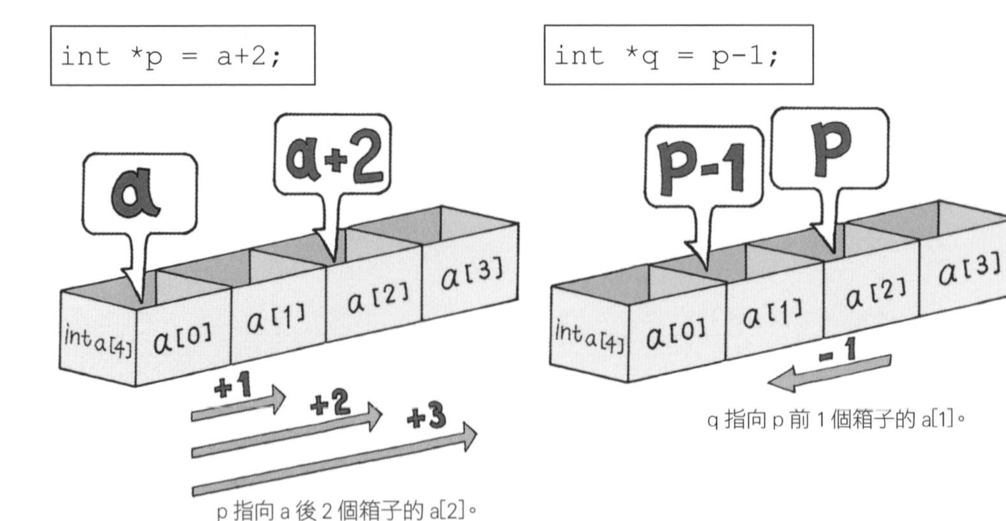

p 指向 a 後 2 個箱子的 a[2]。

q 指向 p 前 1 個箱子的 a[1]。

實際上會因為陣列型態的差異而讓指標的前進方式有所不同，這點必須注意。

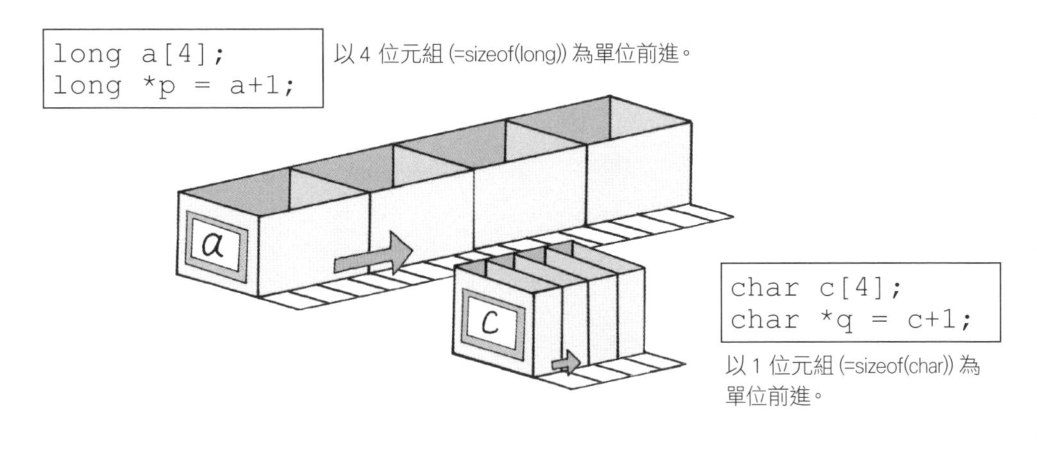

使用了指標的陣列參考方法

以陣列 a 為例，a 本身是「指向 a[0] 的指標」，因此 *a 是「位於放入 a 場所的值 = a[0]」。同樣地可用 a[1]=*(a+1)、a[2]=*(a+2)、…的方式編寫其他元素。

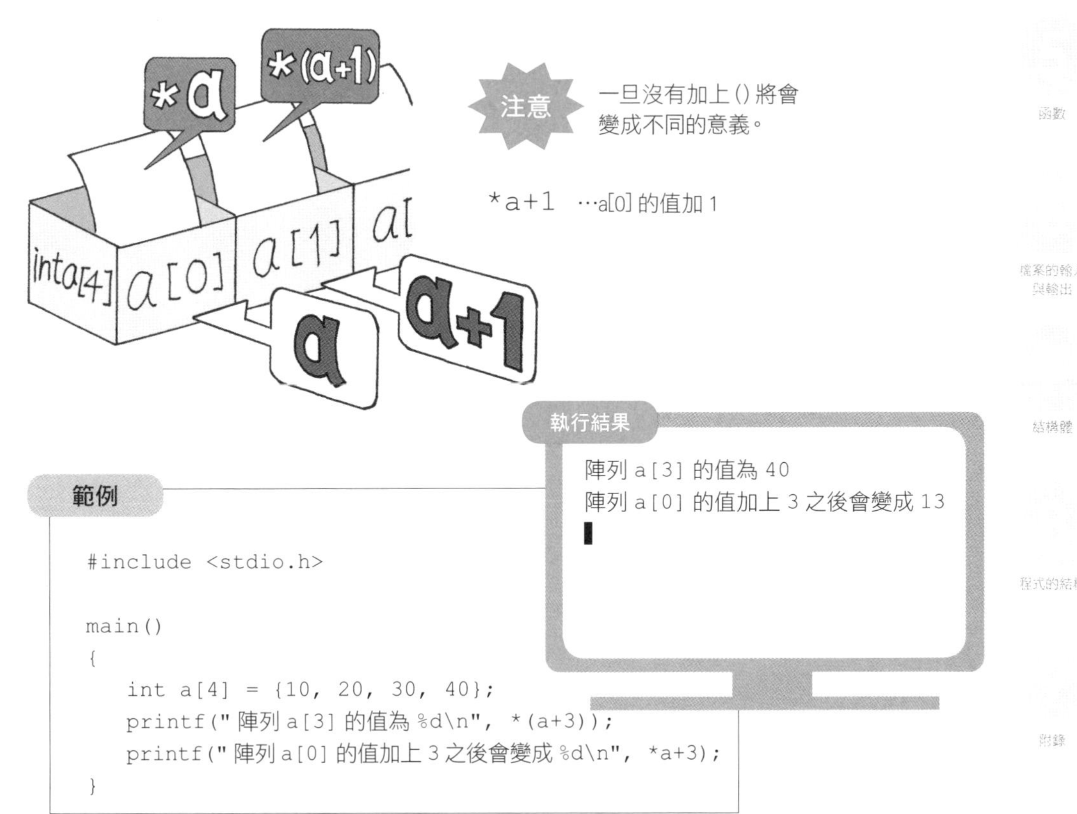


```
#include <stdio.h>

main()
{
   int a[4] = {10, 20, 30, 40};
   printf(" 陣列 a[3] 的值為 %d\n", *(a+3));
   printf(" 陣列 a[0] 的值加上 3 之後會變成 %d\n", *a+3);
}
```

記憶體的確保與指標的活用(1)

當使用到大量的記憶體時，不要事先就準備好大型的陣列，而是建議在程式執行過程中再配置記憶體會比較理想。

確保動態記憶體

宣告變數或陣列後，電腦會「自動」在記憶體上確保它們運作區塊。然而這個方式一旦碰到運用圖像的程式等情形，就有可能會佔用大量的記憶體，甚至有讓程式停止運作的危險性。

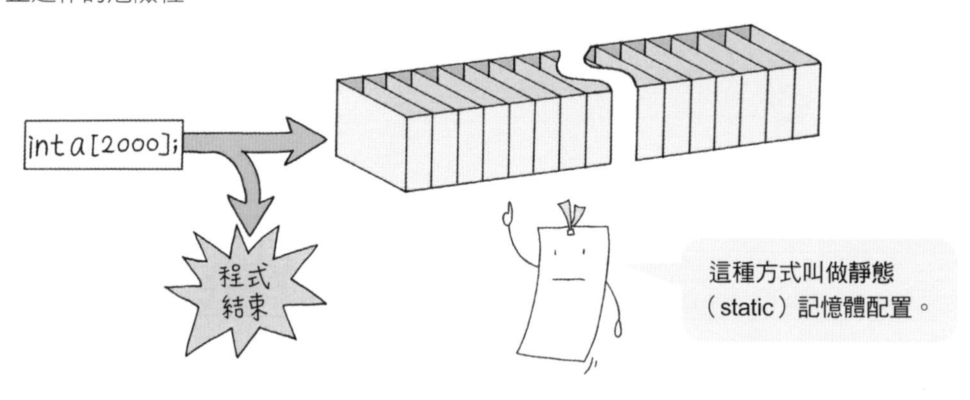

這時候可藉由下方所示的方法，改成以「程式的處理程序」來配置記憶體。

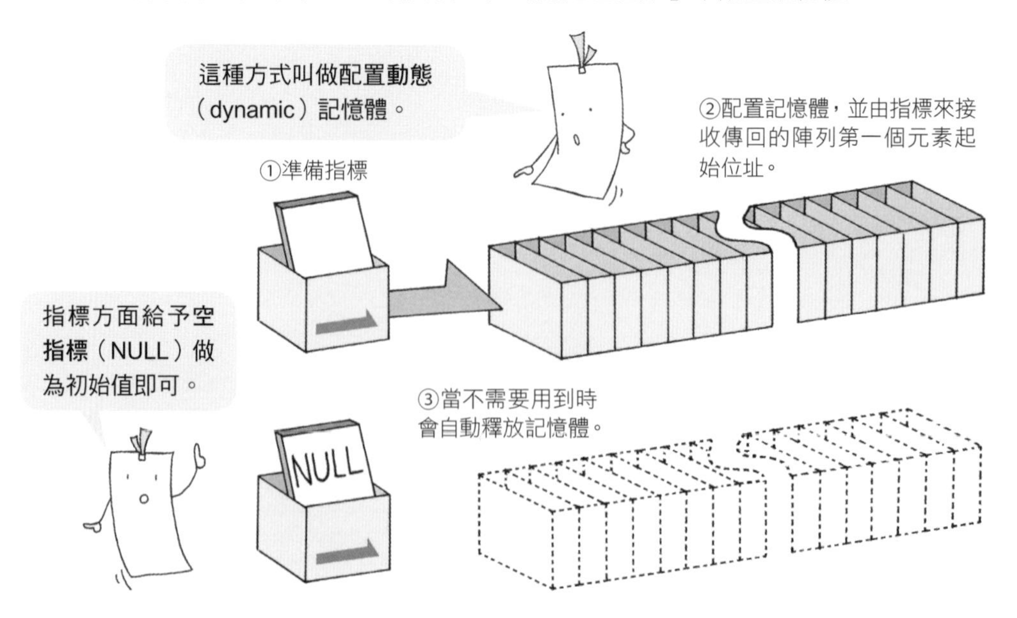

活用記憶體的步驟

在此介紹動態記憶體配置時會使用的函數。另外，當使用這些函數時，必須要在程式的最前面加上 #include <memory.h>、#include <malloc.h> 和 #include <stdlib.h>。

記憶體的配置

配置記憶體，並且讓事先準備好的指標接收第一個元素的位址。

```
short *buf;  ← 宣告由指標來接收配置記憶體的第一個元素位址。
buf = (short *)malloc(sizeof(short)*2000);
```

malloc() 函數的回傳值 (return value) 沒有資料型態 (void * 型態)，因此轉換成與 buf 相同型態。

malloc( ) 函數
透過引數指定位元組數的方式配置記憶體，接著回傳第一個元素的位址。
(當無法成功配置時會回傳 NULL)

依照配置後的用途來準備指標。

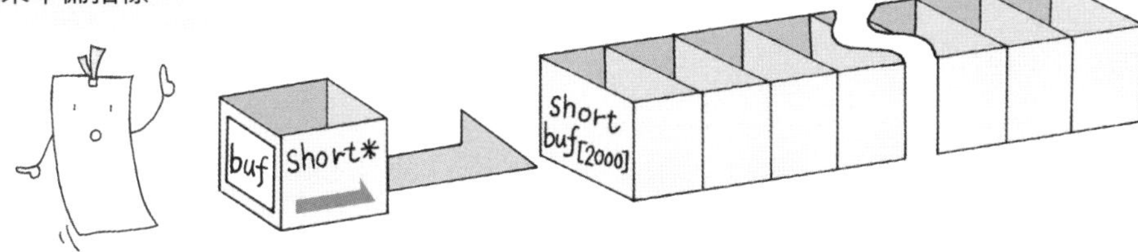

記憶體的運用

完成記憶體配置後，就能以一般的陣列方式來運用。

```
buf[2] = 40;
```

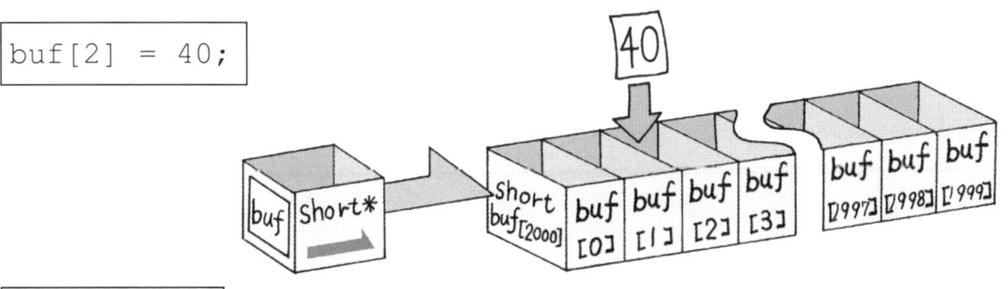

記憶體的釋放

在結束程式時釋放記憶體。

```
free(buf);
```

free( ) 函數
釋放配置的記憶體。

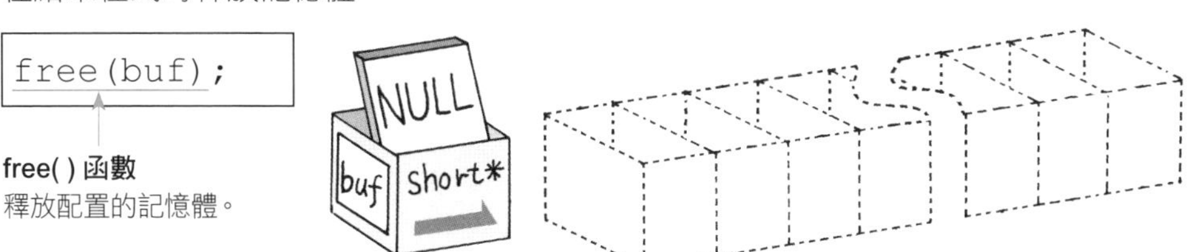

記憶體的確保與指標的活用(2)

這裡介紹各種在使用大量記憶體時相當便利的函數。

配置記憶體的相關函數

除了 malloc() 函數之外，也可以使用下方列舉的函數來取代。

calloc( )　配置記憶體，每個元素都會初始化為 0

```
buf = (char *)calloc(20, sizeof(char));
```

接收配置記憶體的第一個位址　　配置記憶體的位元組數

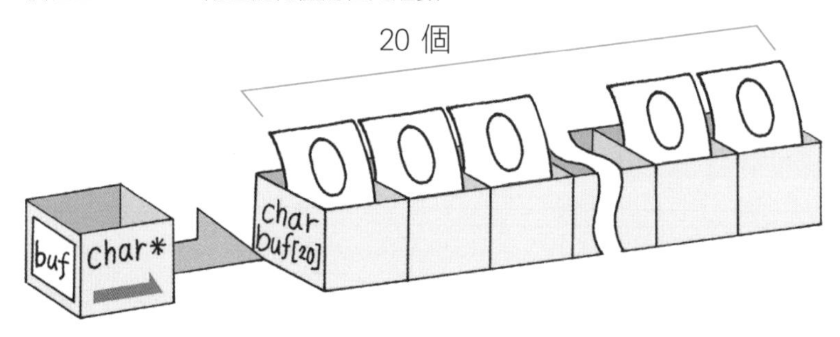

配置位址說不定會變動。

realloc( )　對於已配置記憶體會以不同大小重新配置

```
buf = (char *)realloc(buf, sizeof(char)*15);
```

接收新記憶體區塊的第一個位址　　先前記憶體區塊的第一個位址　　新配置記憶體的位元組數

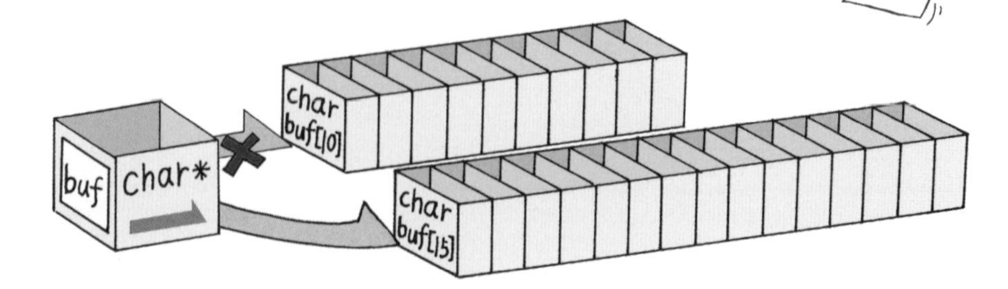

控制記憶體的函數

這裡要介紹控制記憶體時相當便利的函數。使用這些函數時，必須要在程式的最前面加上 #include <memory.h>。

memset( )　將記憶體內容全部設定為相同值

memcpy( )　拷貝記憶體內容

`memcpy(dst, src, 5);`

接收拷貝內容的記憶體區塊第一個位址

原始拷貝記憶體區塊第一個位址

拷貝的記憶體位元組數

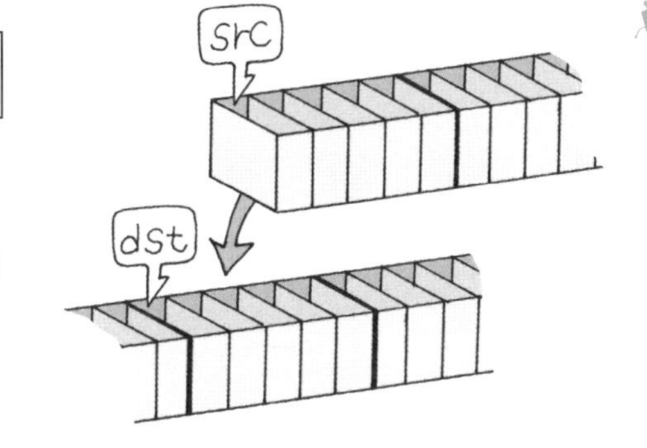

範例

```
#include <stdio.h>
#include <stdlib.h>
#include <malloc.h>
#include <memory.h>

main()
{
  char *b;
  char a[4] = {20, 40, 30, 10};
  b = (char *)malloc(sizeof(char)*200);
  if(!b)
    return;
  memcpy(b, a, sizeof(char)*4);
  printf("%d %d %d %d\n", b[0],b[1],b[2],b[3]);
    free(b);
}
```

當無法配置記憶體時務必要檢查。

main( ) 函數終止，不會執行任何程序。

執行結果

```
20 40 30 10
```

程式範例

在字串當中搜尋字元

針對 4-17 頁登場的 strchr() 函數，這裡嘗試編寫近似的程式。不僅是字元最初出現的位置，所有出現的位置都會顯示。

原始碼

```
#include <stdio.h>
main()
{
    char s[] = "I love cat and dog."; /* 搜尋的對象字串 */
    char c = 'a'; /* 搜尋字元 */
    char *p = s;
    int n = 0;

    printf("在\"%s\"當中搜尋'%c\'。\n", s, c);
    while(*p != '\0') {
        if(*p == c) {
            printf("出現在第 %d 個字元。\n", p-s+1);
※           n++;
        }
        p++;
    }
    if(n == 0)
        printf("無符合字元。\n");
    else
        printf("全部總共搜尋到 %d 個。\n", n);
}
```

執行結果

```
在"I love cat and dog."當中搜尋'a'。
出現在第 9 個字元。
出現在第 12 個字元。
全部總共搜尋到 2 個。
```

使用 strchr() 函數來編寫相同的程式時，※ 的部分將會變更為下方所示的內容（別忘了在最前面加上「#include <string.h>」)。

原始碼

```
    while(1) {
        p = strchr(p, c);
        if(!p)
            break;
        printf("出現在第 %d 個字元。\n", p-s+1);
        n++;
        p++;  ← 從搜尋到字元的下個位置開始繼續搜尋。
    }
```

表格計算

以直欄（4 欄）和橫排（3 列）的形式顯示 4 欄 ×3 列的二維陣列，同時顯示所有值的總和。這雖然並非困難的處理程序，但撰寫每個欄列之間的對應時可別搞混了。

原始碼

```
#include <stdio.h>

main()
{
    int mat[3][4] = {
        {20, 42, 70, 34},
        {67, 98, 37, 41},
        {76, 99, 43, 65}
    };
    int i, j;
    int sum_r; /* 橫排的總和 */
    int sum_c[4] = {0, 0, 0, 0}; /* 直欄的加總 */
    int total = 0; /* 全部數字的加總 */

    /* 各元素的顯示與計算 */
    for(j = 0; j < 3; j++) {
        sum_r = 0;
        for(i = 0; i < 4; i++) {
            printf("%4d ", mat[j][i]);
            sum_r += mat[j][i];
            sum_c[i] += mat[j][i];
        }
        printf("| %4d\n", sum_r);
    }

    /* 分格線與最後一行的顯示 */
    printf("--------------------+-----\n");
    for(i = 0; i < 4; i++) {
        printf("%4d ", sum_c[i]);
        total += sum_c[i];
    }
    printf("| %4d\n", total);
}
```

表格資料

因為要讓橫排的加總依序顯示而不採用陣列的方式。

¦, −, ＋為分隔用的字元。

執行結果

```
20   42   70   34   ¦ 166
67   98   37   41   ¦ 243
76   99   43   65   ¦ 283
-------------------- + ----
163  239  150  140  ¦ 692
```

COLUMN

～指標陣列～

本專欄針對指標與陣列的應用技巧，要來思考各個元素皆由指標（值為位址）來構成的陣列，這樣的陣列稱為**指標陣列**。

指標陣列可用下面的方式來宣告。

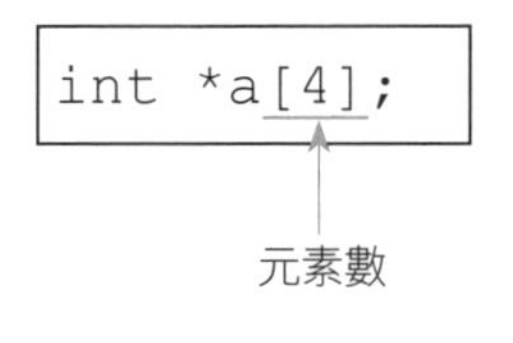

```
int *a[4];
```

元素數

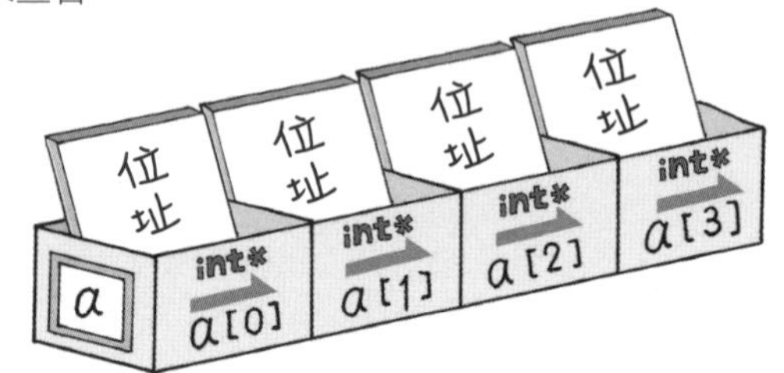

指標陣列的初始化可用下面的方式來編寫。

```
char *s[4];
s[0]="coffee";
s[1]="tea";
s[2]="water"
s[3]="milk"
```

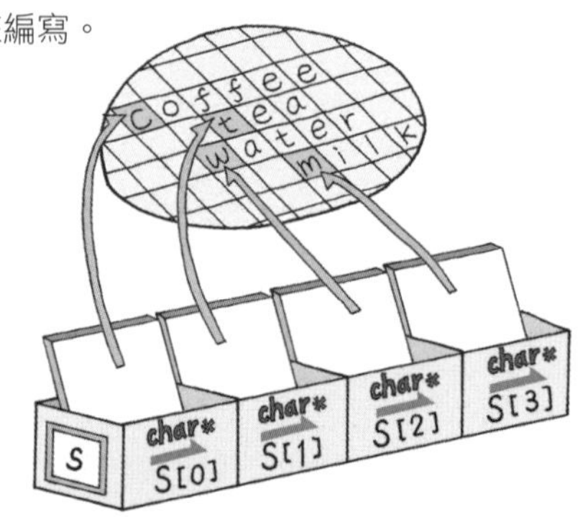

這個場合下，會在記憶體上做出 coffee、tea、water、milk 這樣的字串資料，並將每個字串的最初字元 'c'、't'、'w'、'm' 所在場所的位址傳回指標陣列 s[4] 的元素。

相對於此，若是用多維陣列來存放這四個字串時，將會以下面的方式來編寫。兩者之間的記憶體使用不同，這點必須注意。

```
char s[4][8] = {
    "coffee",
    "tea",
    "water",
    "milk"
};
```

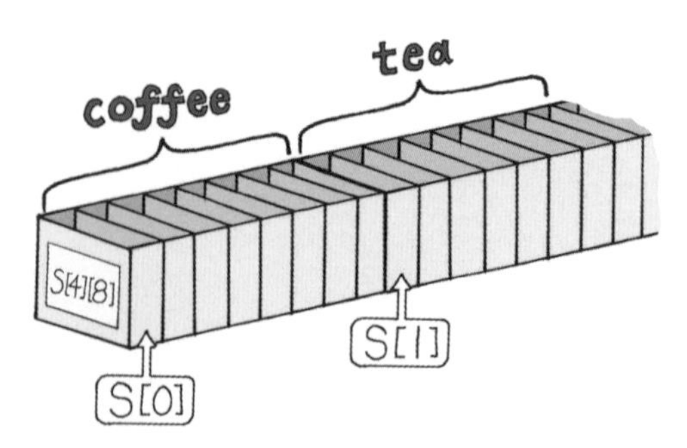

5
函數

 魔法的黑盒子

本章要學習函數的相關知識。如同先前在第 1 章開頭稍微提及的概念，C 語言的函數是「一連串處理程序的集合體」。舉例而言，在下方 printf() 函數的處理程序中，%x 具有將資料格式轉換成 16 進位格式的功能。

```
printf("%x\n", 10);
```

電腦畫面上會顯示 16 進位數字的 a。乍看之下或許會覺得相當簡單，但其實從呼叫函數到畫面顯示出文字為止，在 printf() 函數內部其實已經執行了分析指定格式、轉換格式、輸出到畫面這一連串的處理程序。

如同上述的範例，只要善加運用函數，不僅能夠編寫許多複雜麻煩的處理程序，還可以實現各種功能。簡單來説，函數就有如一個非常便利的魔法黑盒子，相信用過之後必定會深深迷戀上它的魅力。

即便是聽到函數兩個字，腦海中就會浮現艱澀的印象，或是過去在學習數學時對函數感到棘手的人，本章的內容必定能提起各位的興趣。

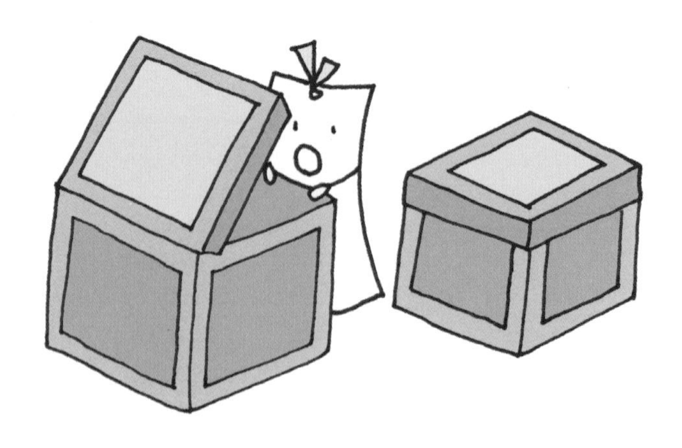

邁向編寫實用性程式的第一步

除了 printf()、strcpy() 等 C 語言事先就已經備有的函數（**C 標準函式庫**）之外，程式設計師也能自行編寫出自訂函數。

因為自訂函數是靠自己來編寫黑盒子當中的內容，想當然會比較耗時費工。本章會針對編寫和運用函數時的必備知識，從基礎開始詳細說明。其中的具體內容有：變數的**有效範圍**、讓編譯器認得函數的函數原型，還有**資料是如何傳送到函數**等，這些都能有助於函數概念的理解與編寫。

乍聽之下或許會感到複雜，甚至讓人對自訂函數萌生退意。然而如果不跨越這道門檻學會函數的編寫技巧，同樣的程式目的必須透過在 main() 函數中撰寫數十行、甚至數百行的原始碼來實現，這就有如將牙刷和錢包等所有行李直接塞進一個大的行李箱，等到真的想用某項物品時，往往很難順利找到。

一般的做法會將盥洗用具、衣服和貴重物品等行李依照目的和用途來分門別類，再將同類型的物品一同放進行李箱中。撰寫程式時也是如此，按照處理的內容來整合成幾個函數，再藉由 main() 函數來呼叫這些函數，這樣的方式才能讓程式運作地簡潔有效率。

具備函數的知識是邁向編寫實用程式的第一步，即便多花點時間細細研究也無妨，確實理解本章的內容，讓自己能夠隨心所欲地活用函數吧！

函數的定義

了解函數的概念，並認識在 C 語言中定義函數的方法。

何謂「函數」？

函數就有如一台機器，它會依照指示來處理程式設計師所給予的值，並且釋出結果。其傳遞給函數的資料稱為**引數**（argument），函數中接收引數來做為處理材料的變數稱為**參數**（parameter），最後結果的值則稱為**回傳值**（return value）。不妨透過以下的範例來瞭解函數的概念吧！

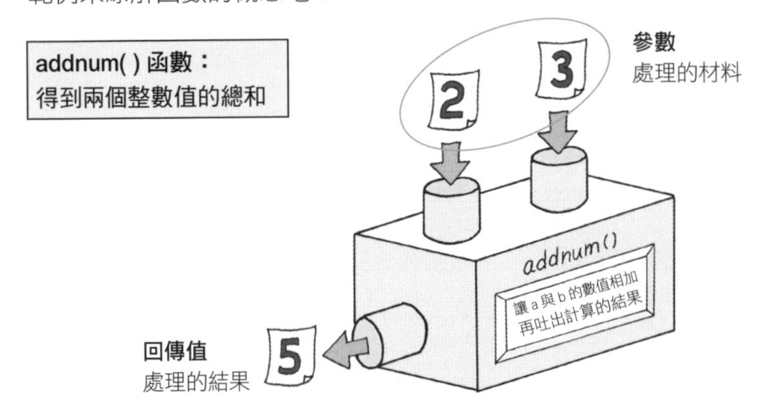

上面的函數以 C 語言撰寫後，會變成如下方所示。而像這樣撰寫函數功能的過程就叫做「**為函數進行定義**」。

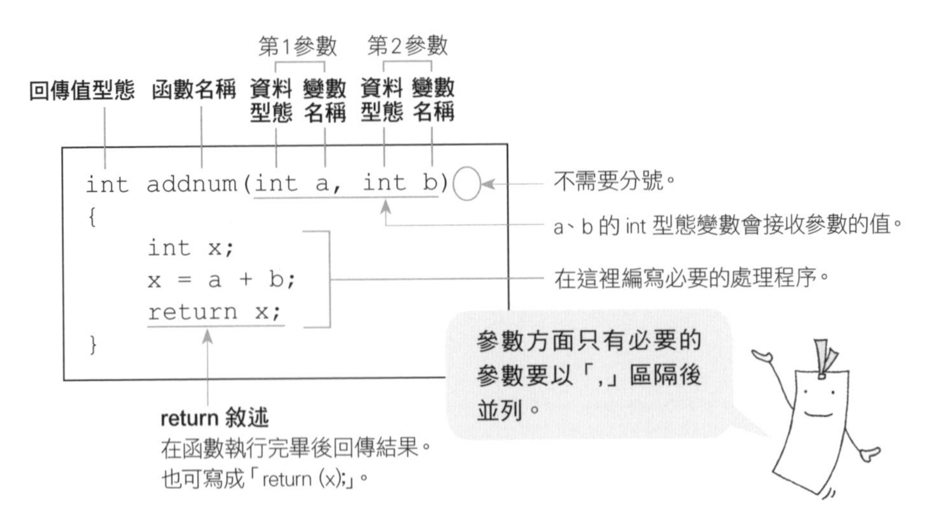

回傳值與沒有參數的函數

當函數不需要回傳值時，就將回傳值的型態指定為 **void**。void 本身有「空」的意思，函數的編寫方式可參考下方範例。

dispnum() 函數：顯示參數的整數值

```
void dispnum(int a)
{
    printf(" 參數的值為 %d\n", a);
    return;
}
```

不需要指定回傳值（在這個場合下，
即使不寫 return 敘述也無妨）。

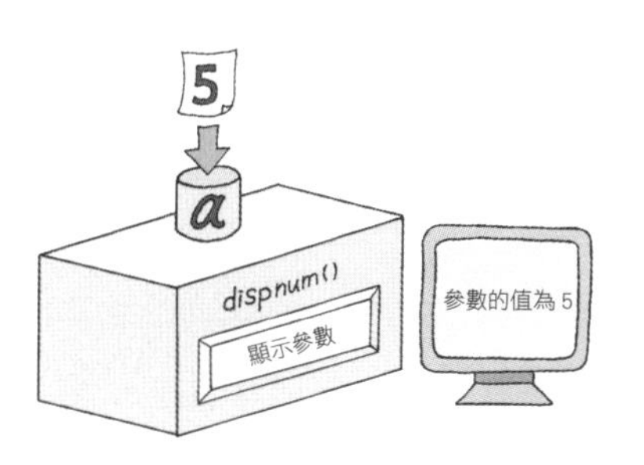

此外，當不需要參數時，可如下方範例來定義函數。

hello() 函數：顯示「Hello World」

```
void hello(void)   ← 也可寫成「void hello( )」。
{
    printf("Hello World\n");
}
```

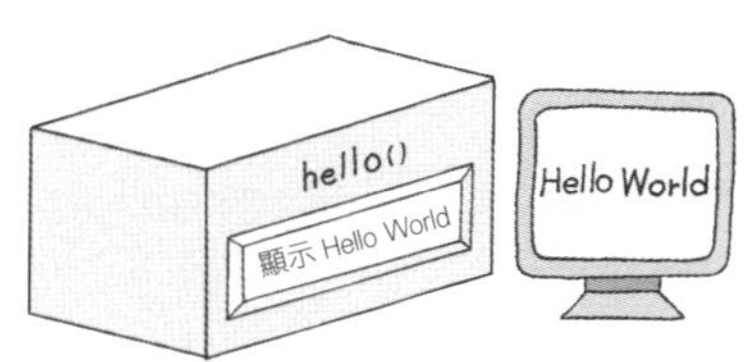

C 標準函式庫

例如 printf() 或 strcpy()，這些 C 語言事先備有函數的集合體就稱為 **C 標準函式庫**。因為關於這些函數的定義已存在於執行程式的作業環境當中，所以程式設計師無須定義函數就能運用這些函數功能（詳細內容請參照第 8 章）。

程式設計師編寫的程式

```
#include <stdio.h>
main()
{
        ⋮
    printf("Hello\n");
        ⋮
}
```

＋ **C 標準函式庫**（定義函數） → 執行檔案

呼叫函數

在這裡學習如何呼叫已經定義的函數與執行方法。

呼叫函數的基本概念

相對於定義函數，呼叫函數部分的撰寫方法如下方所示。

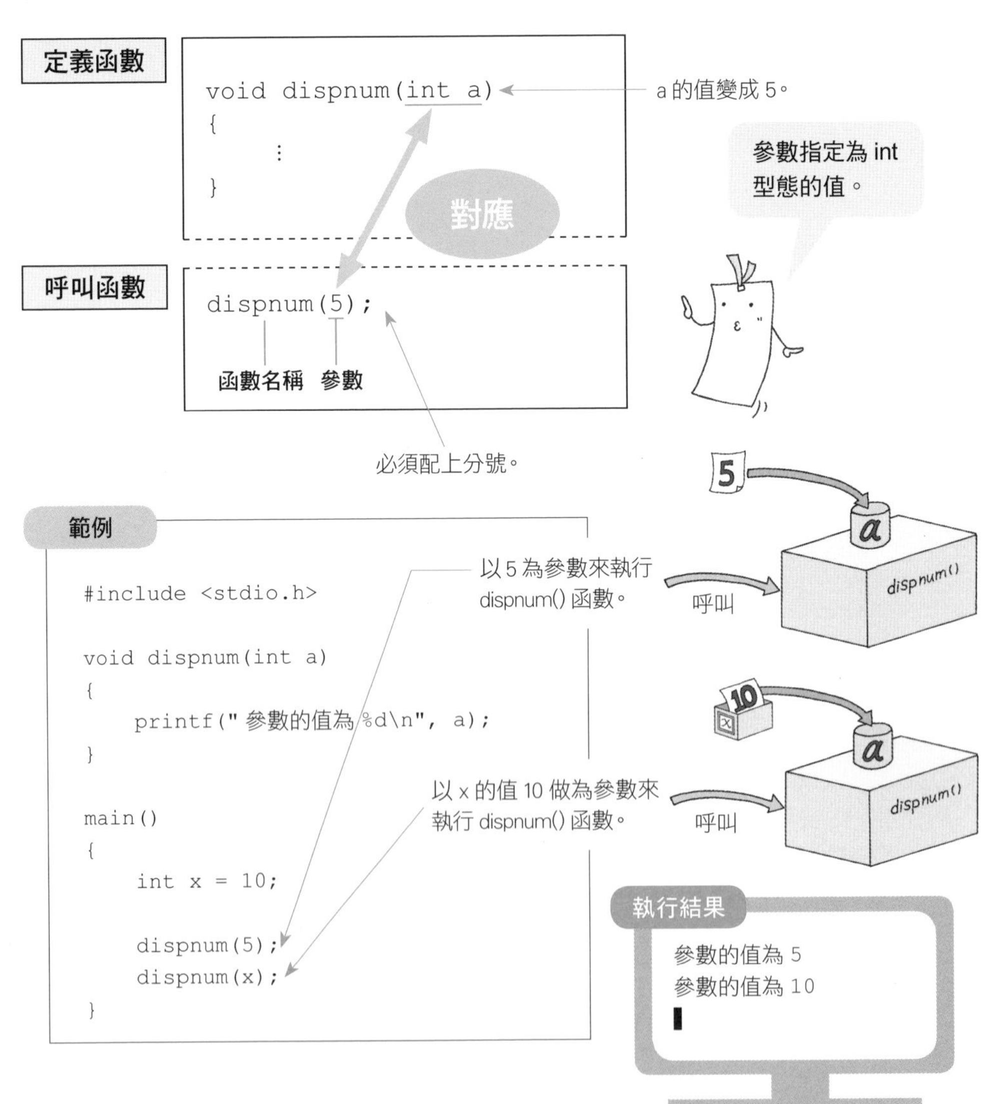

回傳值的運用

在函數回傳值的時候，因應回傳值的型態撰寫變數，並將結果指派到變數。

定義函數

```
int addnum(int a, int b)
{
        ⋮
}
```

對應

呼叫函數

```
int n;
n = addnum(2, 3);
```

將函數的回傳值指派到 n。

接收回傳值的變數型態必須要與函數的回傳值的型態相同。

範例

```
#include <stdio.h>

int addnum(int a, int b)
{
    int x;

    x = a + b;
    return x;
}

main()
{
    int n;

    n = addnum(2, 3);
    printf(" 回傳值為 %d\n", n);
}
```

執行 addnum( ) 函數，並由 n 來接收回傳值。

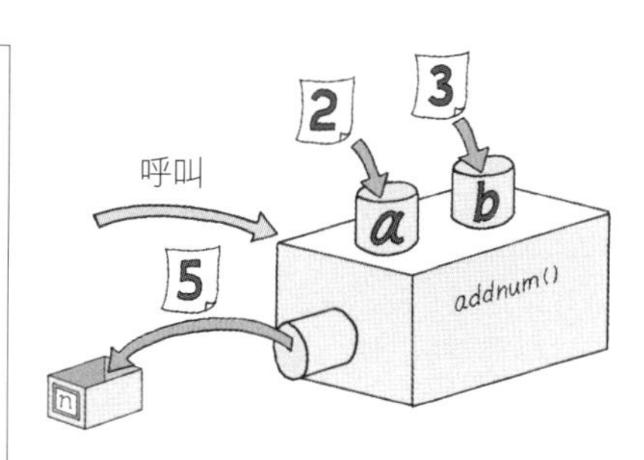

執行結果

變數的範圍

隨著變數的宣告場所不同，會讓變數的有效範圍產生變化。

「區域變數」與「全域變數」

在函數中宣告的變數稱之為**區域變數**（local variable），區域變數可以作用的範圍僅限於宣告變數的函數內部。至於變數的作用範圍則稱為變數的範圍（scope），一般也稱作是有效範圍、可視範圍等。

```
void func()
{
    int y;                 變數 y 的範圍
     :
}
- - - - - - - - - - - - - - - - - - - - -
main()
{
    int x                  變數 x 的範圍
    x = 3:
    y = 5;
     :    ↑
}         無法參考位在 func() 的 y。
```

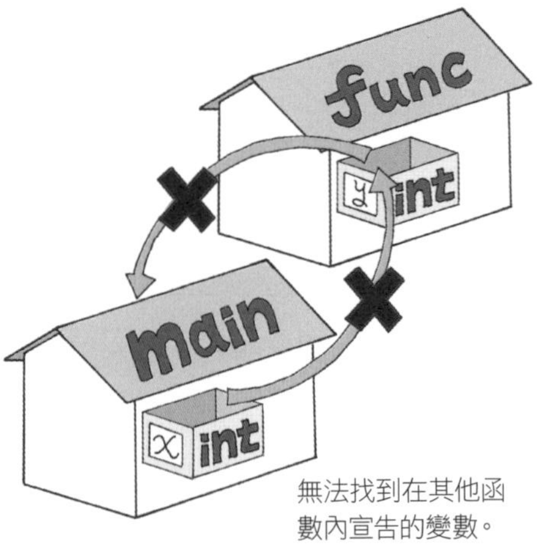

無法找到在其他函數內宣告的變數。

在函數之外宣告的變數稱為**全域變數**（global variable）。在宣告變數之後所有定義的函數都能參考全域變數。

```
int z;                     變數 z 的範圍
void func(...)
{
    int y;                 變數 y 的範圍
    z = 2;
     :
}
- - - - - - - - - - - - - - - - - - - - -
main()
{
    int x                  變數 x 的範圍
    z = 1:
     :
}
```

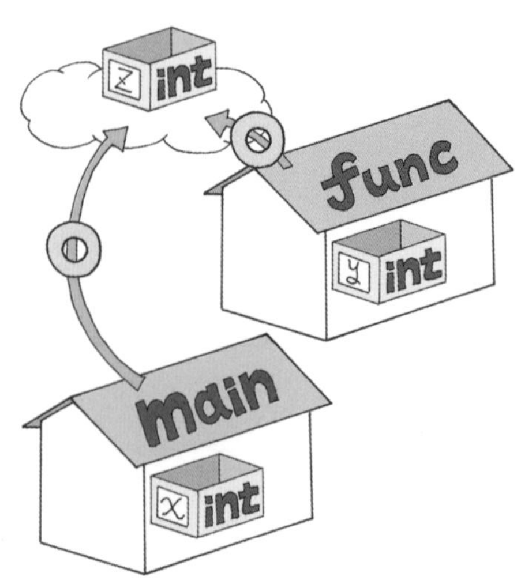

範例

```
#include <stdio.h>

int y;
int z;

void myfunc(int a)
{
        int z;
        int x;
        x = a;
        y = a;
        z = a;
}

main()
{
        int x;
        x = 10;
        y = 10;
        z = 10;
        printf("x、y、z 的值為 %d,%d,%d\n", x, y, z);
        myfunc(5);
        printf("x、y、z 的值為 %d,%d,%d\n", x, y, z);
}
```

全域變數 y、z 的範圍

當出現與全域變數有相同名稱的區域變數時，會以區域變數為優先。

區域變數 x、z 的範圍

相同名稱的區域變數之間會視為不同的變數。

區域變數 x 的範圍

執行結果

```
x,y,z 的值為 10,10,10
x,y,z 的值為 10,5,10
```

只有全域變數 y 的值產生變化。

在函數 myfunc( ) 中，x 與 z 是以區域變數來處理，而 y 則是以全域變數來處理。

函數原型

在定義函數之前呼叫函數，這個動作稱為「宣告函數原型」(function prototype)。

宣告函數原型

在先前的內容裡，都是以「定義函數」→「呼叫函數（main() 函數）」的順序編寫程式。如果逆向編寫有時會造成編譯錯誤。

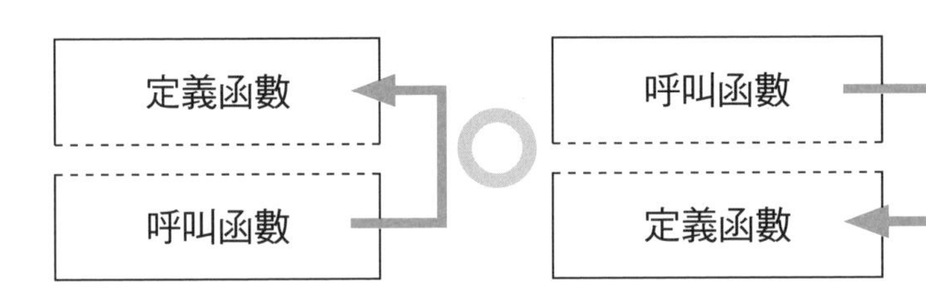

這種情形下必須在呼叫之前先宣告稱之原型的函數。

所謂宣告函數原型，就是單獨抽出與函數相關的部分來編寫而成。

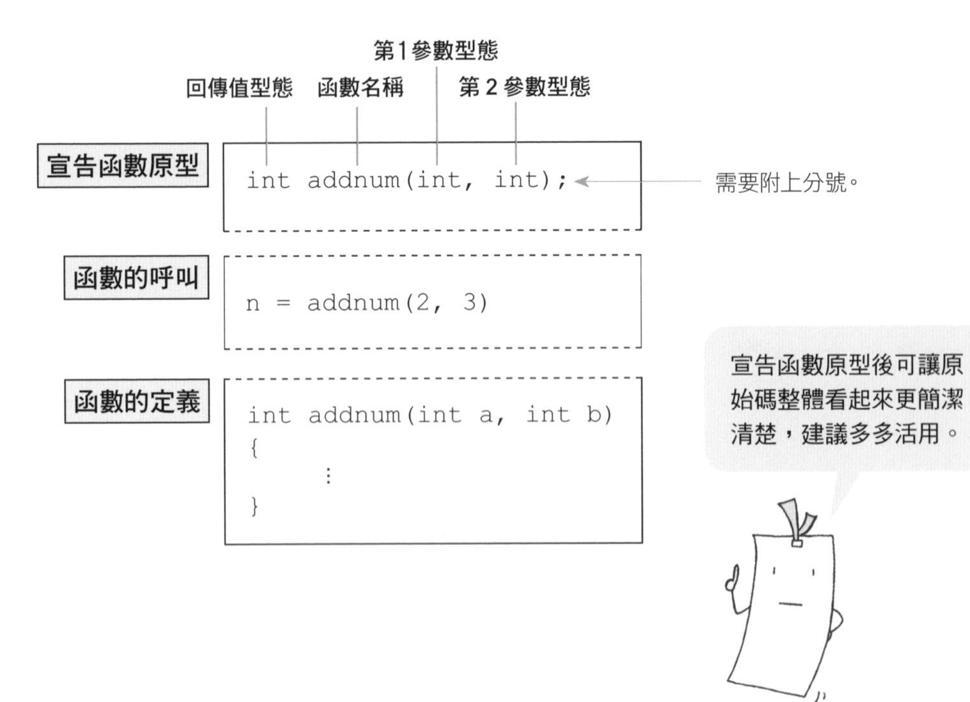

檢視函數的格式

函數呼叫部分和定義部分的編寫內容一旦違反了函數原型宣告的格式，就會發生編譯錯誤。

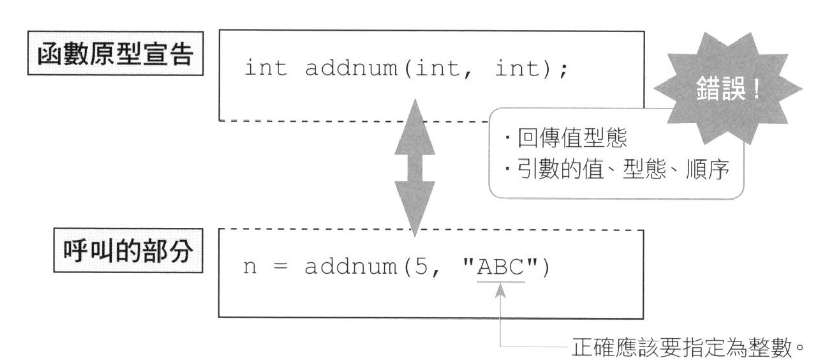

範例

```
#include <stdio.h>
void dispnum(int);   ← 函數原型宣告

main()
{
    int x = 10;

    dispnum(5);
    dispnum(x);
}

void dispnum(int a)
{
    printf("引數的值為 %d\n", a);
}
```

調整先前 5-6 頁中最初範例的函數編寫順序後，就會變成這個樣子。

執行結果

```
引數的值為：5
引數的值為：10
```

引數的傳送接收

一同來理解「**傳值**」(pass by value)與「**傳址**」(pass by adress)之間的差異。

引數與參數

在數學的函式裡著重的是自變數與因變數之間的關係，它的格式其實與 C 語言當中的函數十分相似，不過 C 語言的自變數稱為**引數**，而因變數則稱為**參數**。

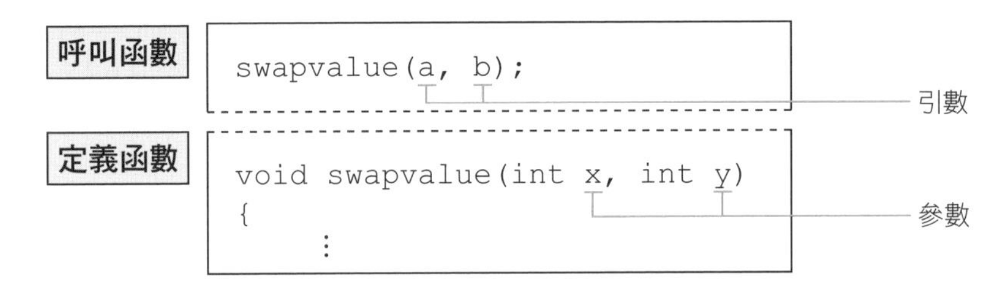

傳值與傳址

關於引數與參數的傳送接收方法，有**傳值**與**傳址**兩種方式。

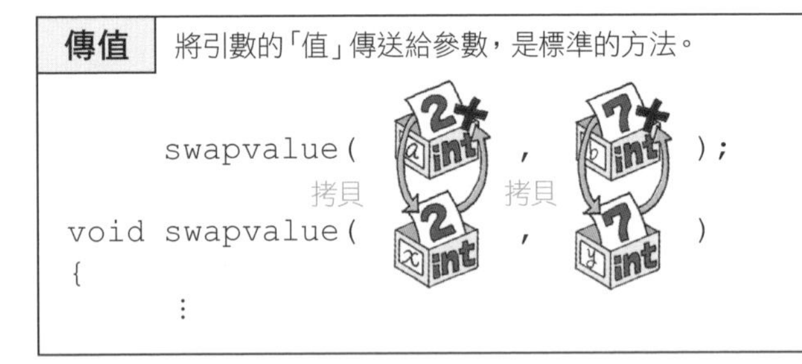

因為引數和參數是完全不同的變數，即使變更函數中參數的值，也不會對引數造成影響。

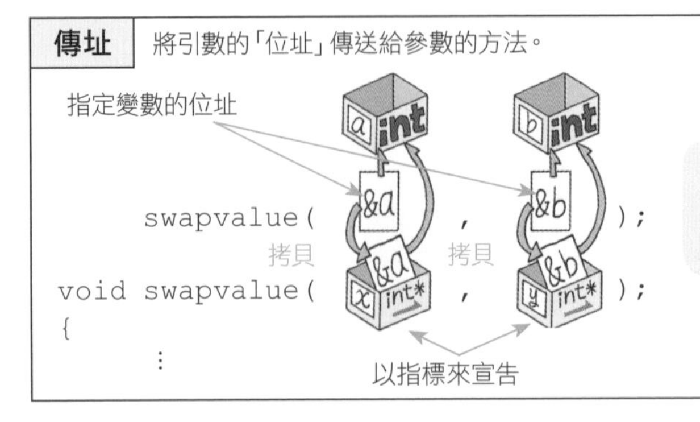

無論引數或參數都會參考相同位址的值，因此可以透過函數來變更呼叫側的值。

想要從函數回傳多個值或字串時可以使用。

範例

```c
#include <stdio.h>

void swapbyval(int, int);
void swapbyref(int *,int *);

main()
{
    int a = 2, b = 7;

    printf("a=%d、b=%d\n", a, b);
    swapbyval(a, b);
    printf("a=%d、b=%d\n", a, b);
    swapbyref(&a, &b);
    printf("a=%d、b=%d\n", a, b);
}

void swapbyval(int x, int y)
{
    int temp;
    temp = x;
    x = y;
    y = temp;
}

void swapbyref(int *x, int *y)
{
    int temp;
    temp = *x;
    *x = *y;
    *y = temp;
}
```

- swapbyval(a, b); ← 傳值
- swapbyref(&a, &b); ← 傳址
- swapbyval 中的 int temp; ～ y = temp; ← 對調x與y值的處理程序
- int *x, int *y ← 以指標來宣告
- swapbyref 中的 int temp; ～ *y = temp; ← 對調＊x與＊y值的處理程序

執行結果

```
a=2、b=7
a=2、b=7
a=7、b=2
```

只有在透過傳址來傳送參數時能讓引數的值對調。

main( ) 函數

以命令列引數（command-line argument）的使用方法為中心來理解 main( ) 函數吧。

main( ) 函數的格式

main() 函數是做為程式起始點（entrypoint）的獨特函數。

截至目前為止，都是以最小限度的格式來編寫 main() 函數，但有時也會如同下方範例一樣來指定函數的回傳值與參數。

```
main()
{

}
```

省略參數與回傳值

```
void main()
{

}
```

省略參數，回傳值為 void

```
int main()
{
    return 0;
}
```

省略參數，回傳值為 int

```
int main(int argc, char *argv[])
{
    return 0;
}
```

當正常執行時一般會回傳 0。

指定參數與回傳值（int）的基本格式

命令列引數的取得

透過命令列附上引數並執行程式之後，會將程式本身的檔案名稱和命令列引數的資訊傳送到 main() 函數的參數中。

引數	儲存的資訊
argc	陣列 argv 的大小（＝命令列引數的數量＋ 1）
argv[0]	指向程式檔案路徑字串（名稱）的指標
argv[1]	指向第一個命令列引數的指標
argv[2]	指向第二個命令列引數的指標
⋮	⋮

argv 會成為指標陣列。

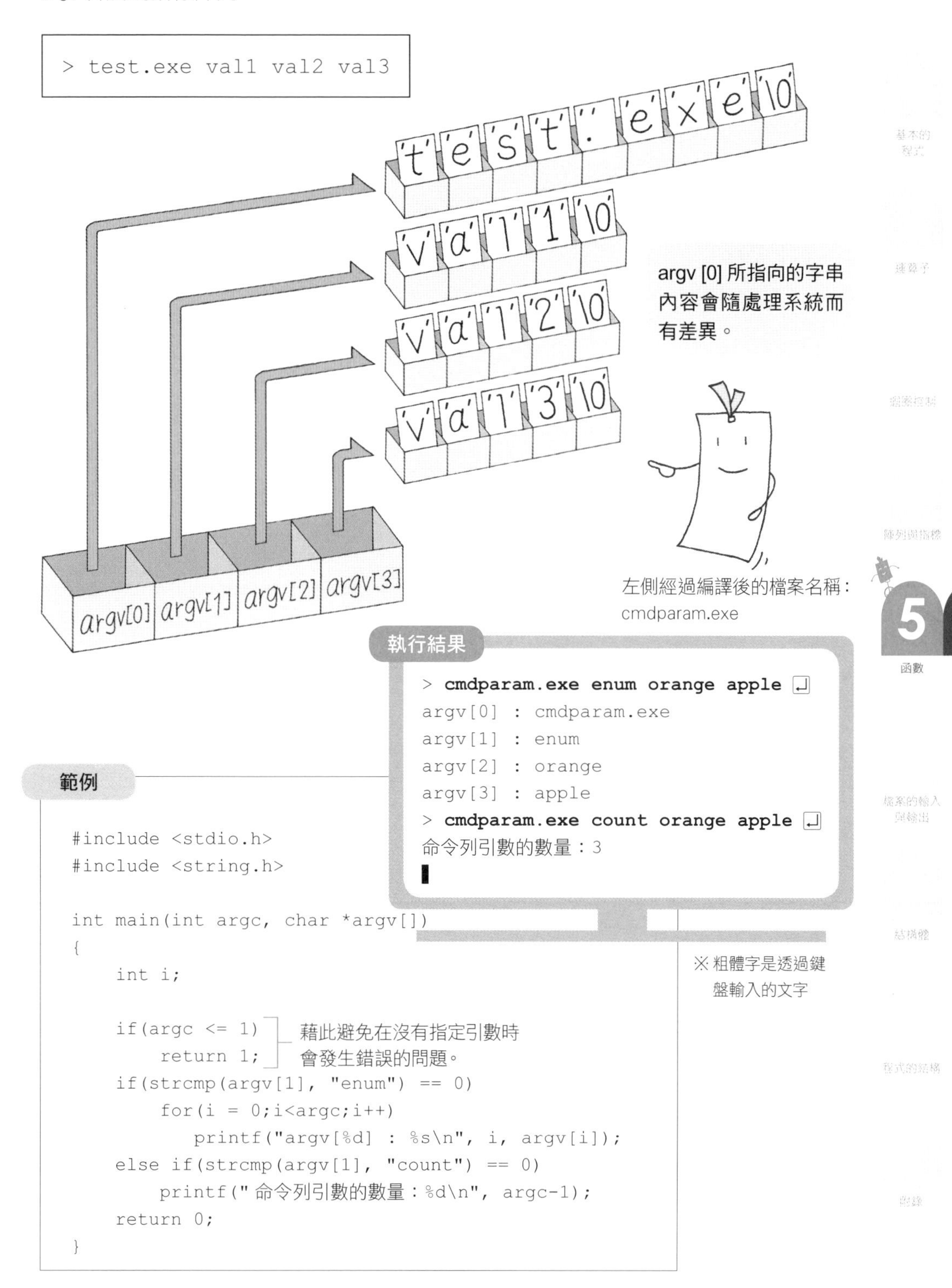

範例

```
#include <stdio.h>
#include <string.h>

int main(int argc, char *argv[])
{
    int i;

    if(argc <= 1)
        return 1;
    if(strcmp(argv[1], "enum") == 0)
        for(i = 0;i<argc;i++)
            printf("argv[%d] : %s\n", i, argv[i]);
    else if(strcmp(argv[1], "count") == 0)
        printf(" 命令列引數的數量：%d\n", argc-1);
    return 0;
}
```

程式範例

● 刪除檔案

在命令列上執行刪除檔案的指令（del 或 rm）後，檔案將會無法復原。這裡為了避免檔案被刪除，編寫了建立備份檔案的程式 "trash"，為引數所指定的檔案附上 .bak。不過，若是附加 -d 的檔案，則檔案會被完全刪除。

原始碼

```
#include <stdio.h>
#include <string.h>
int main(int argc, char *argv[])
{
    char usage[] = "usage: trash <-d> filename\n";
    int ret = 0; /* 函數的回傳值 */
    char newfilename[256] = "";

    /* 無參數 */
    if(argc <= 1) {
        printf(usage);
        return 1;
    }
    /* 有指定 -d*/
    else if(strcmp(argv[1], "-d") == 0) {
        if(argc <= 2) {
            printf(usage);
            return 2;
        }
        ret = remove(argv[2]);
        if(ret == 0)
            printf(" 檔案已刪除。\n");
        else
            printf(" 檔案無法刪除。\n");
    }
    /* 無指定 -d*/
    else {
        sprintf(newfilename, "%s.bak", argv[1]);
        ret = rename(argv[1], newfilename);
        if(ret == 0)
            printf(" 已在檔案名稱的最後添加 .bak。\n");
        else
            printf(" 無法變更檔案名稱。\n");
    }
        return 0;
}
```

remove( ) 函數
刪除指定為引數的檔案。

rename( ) 函數
為刪除指定為引數的檔案重新命名。

a.txt 與 b.txt 存在於工作目錄。

執行結果

```
>trash a.txt↵
已在檔案名稱的最後添加 .bak。
>trash -d b.txt↵
檔案已刪除。
```

請確認是否建立了 a.txt.bak 並刪除了 b.txt。

※ 粗體字是透過鍵盤輸入的文字

將西元年轉換成和曆

這裡編寫在輸入 1990 等西元年的值之後，就能轉換成和曆並且輸出的程式。

原始碼

```
#include <stdio.h>
#include <string.h>
int wtoj(int, char *, int *);

int main()
{
    int wyear = -1, jyear = 0;
    char nengo[16];

    printf("將西元年轉換成和曆，若要結束程式請輸入 0。\n");
    while(wyear != 0) {
        printf("請輸入西元年 (1868-2050) : ");
        scanf("%d", &wyear);
        if(wtoj(wyear, nengo, &jyear) == 0)
            printf("西元 %d 年為和曆的 %s%d 年。\n", wyear, nengo, jyear);
    }
    return 0;
}

/*******************************************
 wtoj() 將西元年轉換成和曆
 [ 引數 ]    wyear -- 西元年
             nengo -- 和曆的年號字串指標
             jyear -- 和曆的指標
 [ 回傳值 ] 可以轉換為 0，超出範圍則為 1
*******************************************/
int wtoj(int wyear, char *nengo, int *jyear)
{
    if(wyear >= 1868 && wyear <= 1911) {
        strcpy(nengo, "明治");
        *jyear = wyear-1868+1;
        return 0;
    } else if(wyear >= 1912 && wyear <= 1925) {
        strcpy(nengo, "大正");
        *jyear = wyear-1912+1;
        return 0;
    } else if(wyear >= 1926 && wyear <= 1988) {
        strcpy(nengo, "昭和");
        *jyear = wyear-1926+1;
        return 0;
    } else if(wyear >= 1989 && wyear <= 2050) {
        strcpy(nengo, "平成");
        *jyear = wyear-1989+1;
        return 0;
    }
    return 1;
}
```

← 宣告 wtoj( ) 函數的函數原型。（指向 int wtoj(int, char *, int *);）

← 輸入的西元年會以整數納入 wyear（→ 6-16 頁）。（指向 scanf("%d", &wyear);）

← 可以在這裡編寫函數的說明。（指向註解區塊）

← 取得多個值時會進行傳址。（指向 int wtoj(int wyear, char *nengo, int *jyear)）

※ 粗體字是透過鍵盤輸入的文字

執行結果

```
將西元年轉換成和曆，若要結束程式請輸入 0
請輸入西元年 (1868-2050) : 1990↵
西元 1990 年為和曆的平成 2 年。
請輸入西元年 (1868-2050) : 0↵
```

COLUMN

～遞迴呼叫～

在函數中也能呼叫函數本身，這種情形就叫做**遞迴呼叫**（recursive call）。其程式內容有如同下方所示。

```
void func(int c)
{
    printf("Hello!\n");
    c--;
    if(c > 0)          ← 結束條件
        func(c);       ← 呼叫函數本身
}
```

若是以「func(5);」從 main( ) 函數等來呼叫這個函數，就會重複顯示 5 次 "Hello!" 這個字串。

編寫遞迴呼叫的函數時有個非常重要的注意事項，那就是在遞迴呼叫中**務必要指定結束程式**的條件。倘若少了結束條件會發生什麼事情呢？在上方範例當中，一旦沒有編寫「if(c > 0)」的部分，將會重複執行顯示字串 "Hello!" →呼叫 func( ) 函數這樣的步驟，就算等到天荒地老，程式也不會結束。實際上，若是遞迴呼叫變成了一個無限迴圈，佔用記憶體將會不斷堆疊（stack），以至於記憶體不足，進而在執行時發生錯誤。因此當要使用遞迴呼叫時，務必在撰寫時檢查是否有正確指定結束條件。

說到遞迴呼叫的最大優點，想當然就是能夠簡潔地編寫複雜的處理程序。這裡就來介紹遞迴呼叫最典型的範例，也就是可求得整數 n 階乘（$n! = n\times(n-1)\times\cdots\times2\times1$）的函數編寫方式。

```
int kaijo(int n)
{
    if(n == 0)
        return 1;
    else
        return (n*kaijo(n-1));
}
```

6 檔案的輸入與輸出

檔案是什麼樣的東西？

在本章的內容裡要學習有關檔案的知識。所謂檔案，一般都會給人「用來儲存以某種軟體做成資料的東西」這樣的印象。雖然在C語言的領域中，檔案也有這樣的意思，但實際上並非僅只如此。

在進入主題之前，先來認識檔案的種類吧！檔案大致上可以分成**文字檔（text file）**與**二進位檔（binary file）**，兩者的分辨方式為「人類是否能夠閱讀其中的內容」。換言之，文字檔是以人類看得懂的規則來編寫內容的檔案。相對於此，二進位檔只會讓人覺得是一大串意義不明的資料。以身邊的檔案為例，到目前為止所編寫的C語言原始碼就是文字檔，而將它編譯之後就會變成二進位檔。

檔案的使用是有步驟的

了解上述的基本知識後，接著來認識透過程式閱讀檔案內容、在檔案中編寫增加資料的方法。以C語言為首，在許多程式語言中，都沒有辦法直接點選檔案名稱來閱讀或編寫其中的內容，必須要透過**檔案指標**（file pointer）這個東西來轉換檔案後，進而存取檔案內容。在檔案指標中，也包含了要針對檔案哪個部分來進行存取的資訊。

若是宣告了檔案指標，就會以「①開啟對象檔案，取得檔案指標、②透過檔案指標存取檔案內容、③結束相關操作後，關閉檔案」這三個步驟來製作程式。另外，文字檔與二進位檔之間的函數種類或引數都有些微的差異，可別搞混了。

透過鍵盤輸入的過程也有用到檔案

截至目前為止，談的都是一般存在磁碟當中的檔案，但其實 C 語言的檔案有更為寬廣的範疇。

舉例而言，讀取透過鍵盤輸入文字的資料並顯示於顯示器畫面，這樣的過程就是靠程式的運作來實現。在這樣的程式中，包含了從鍵盤將資料讀取到程式中的**輸入部分**，還有將程式內資料顯示在顯示器上的**輸出部分**。所有的輸出入作業，對象無論是磁碟上的檔案，或是透過鍵盤輸入的資料，其實都能以「檔案」這樣的概念來共通化。

為鍵盤輸入與顯示器輸出之間建立起橋樑的檔案可稱為**標準輸出入串流**。雖然標準輸出入串流並不像資料檔案一樣有非常具體的形體概念，但它會在執行程式的同時跟著啟動，並且隨時保持在可運作的狀態，感覺起來就像是個背後的推手。

若只是將資料傳送到變數，一旦關閉程式，資料也就會跟著消失，不過只要以檔案來儲存到硬碟等儲存裝置中，即便關閉電腦的電源也依舊能保存資料。熟悉檔案的使用方法，進而讓自己能巧妙地活用資料後，相信必定會讓程式的撰寫擁有更廣的發揮空間。

檔案

像是資料或程式等，這些被儲存在磁碟上的東西就叫做**檔案**，我們該如何來運用它們呢？

檔案的種類

關於檔案，大致上可以分成**文字檔**與**二進位檔**這兩種。其中二進位檔無法在文字編輯器（text editor ）上以文字的形式來閱讀內容。

能夠以文字形式閱讀內容
（C 語言的程式原始碼和 HTML 等）

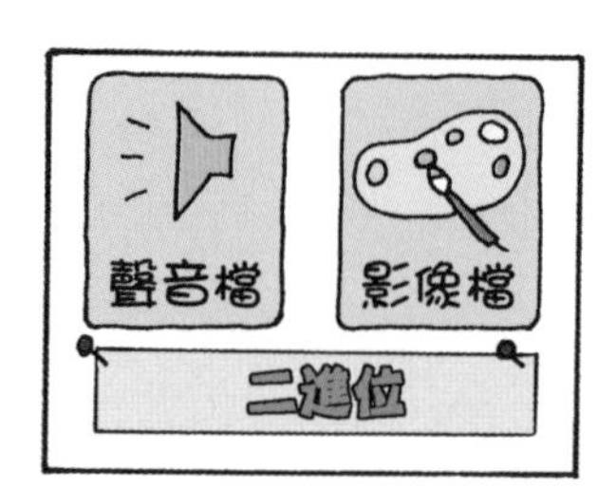

無法以文字形式閱讀內容
（編譯後的 C 語言程式、影像檔案等）

檔案處理的基本概念

想要讓程式使用檔案時，必須事先準備好檔案指標的宣告。所謂檔案指標，就有如在存取檔案時事先告知起始位置的標誌，宣告方法如下所示。

而要使用檔案，一定要以下方所示的步驟來編寫程式內容。

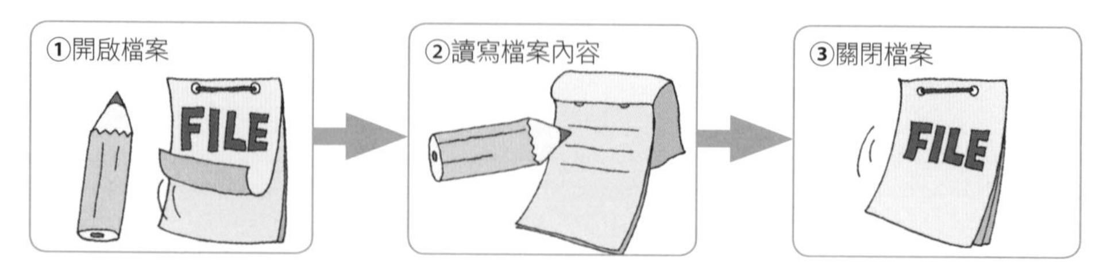

開啟檔案

開啟檔案要使用 **fopen()** 函數。

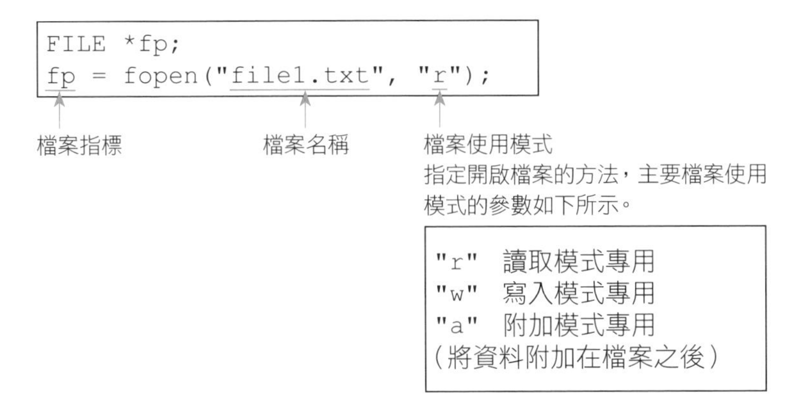

檔案成功開啟後，fopen() 函數會回傳檔案指標。而依照檔案開啟時所選擇的模式，原本檔案的處理方式，還有檔案指標最初顯示的位置，都會產生變化。

檔案的開頭

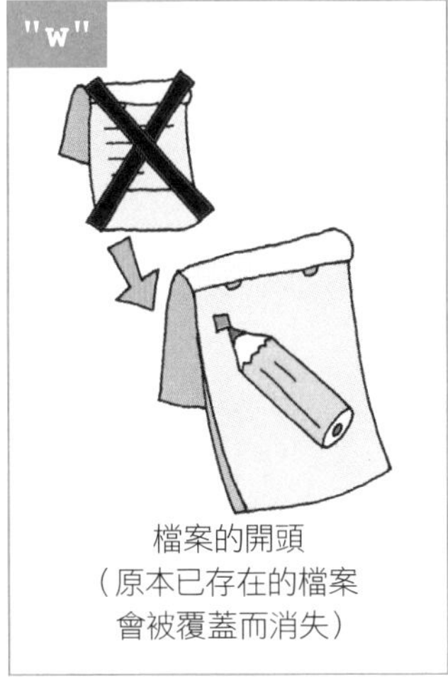

檔案的開頭
（原本已存在的檔案會被覆蓋而消失）

檔案的結尾
（當檔案不存在時會建立新檔案）

一旦因為讀取的檔案不存在、沒有寫入權限等理由而使得檔案開啟失敗，fopen( ) 就會回傳 NULL，因此務必要檢查檔案指標是否為 NULL。

關閉檔案

若要關閉檔案（無論何種檔案使用模式）就使用 **fclose()** 函數。

```
fclose(fp);
```

檔案的讀取

以讀取文字檔（text file）為例來認識檔案的使用流程。

讀取文字檔的步驟

嘗試將 file1.txt 當中的一行資料讀取到字元陣列 s 當中。

①開啟檔案

將檔案使用模式設定為讀取模式專用的 "r" 來開啟檔案 。

```
char s[10];
FILE *fp;
fp = fopen("file1.txt", "r");
```

用來接收讀取資料的字串

②讀取檔案

若要讀取一行的資料就使用 **fgets()** 函數。

下方範例中，代表是從檔案指標（fp）所示的位置開始，最多讓 9 個字元納入字元陣列 s。

```
fgets(s, 10, fp);
```

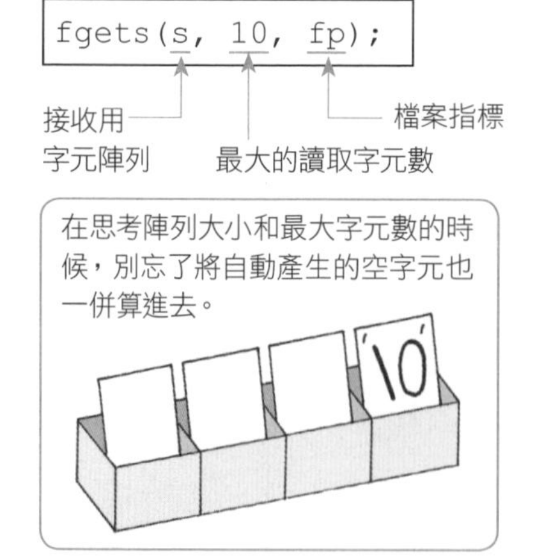

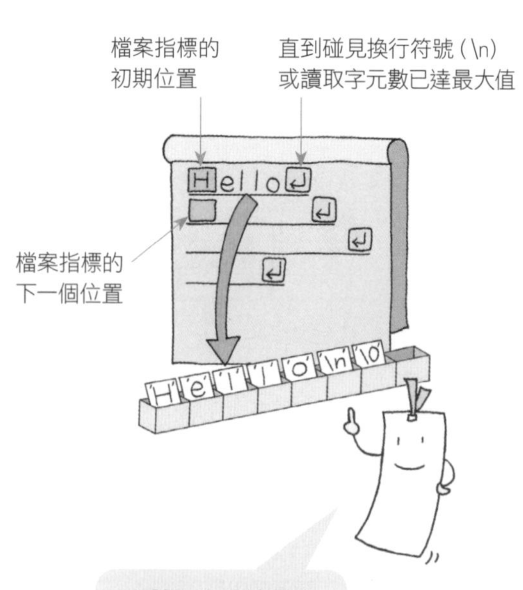

③關閉檔案

最後使用 fclose() 函數來關閉檔案。

```
fclose(fp);
```

≫ 持續讀取到檔案的結尾

若想一行一行讀取檔案的資料直到結尾，使用 fgets() 函數就能在檔案結尾到來前不斷重複執行 。

若想調查檔案結尾則可使用 **feof()** 函數。關於 feof() 函數，這是一個到檔案結尾（**e**nd **o**f **f**ile）時會變成真（true）的函數。

```
      :
while(1)
{
    fgets(s, 10, fp);
    if(feof(fp))
        break;
}
      :
```

到達檔案結尾時 feof() 函數會變成真（true），迴圈結束。

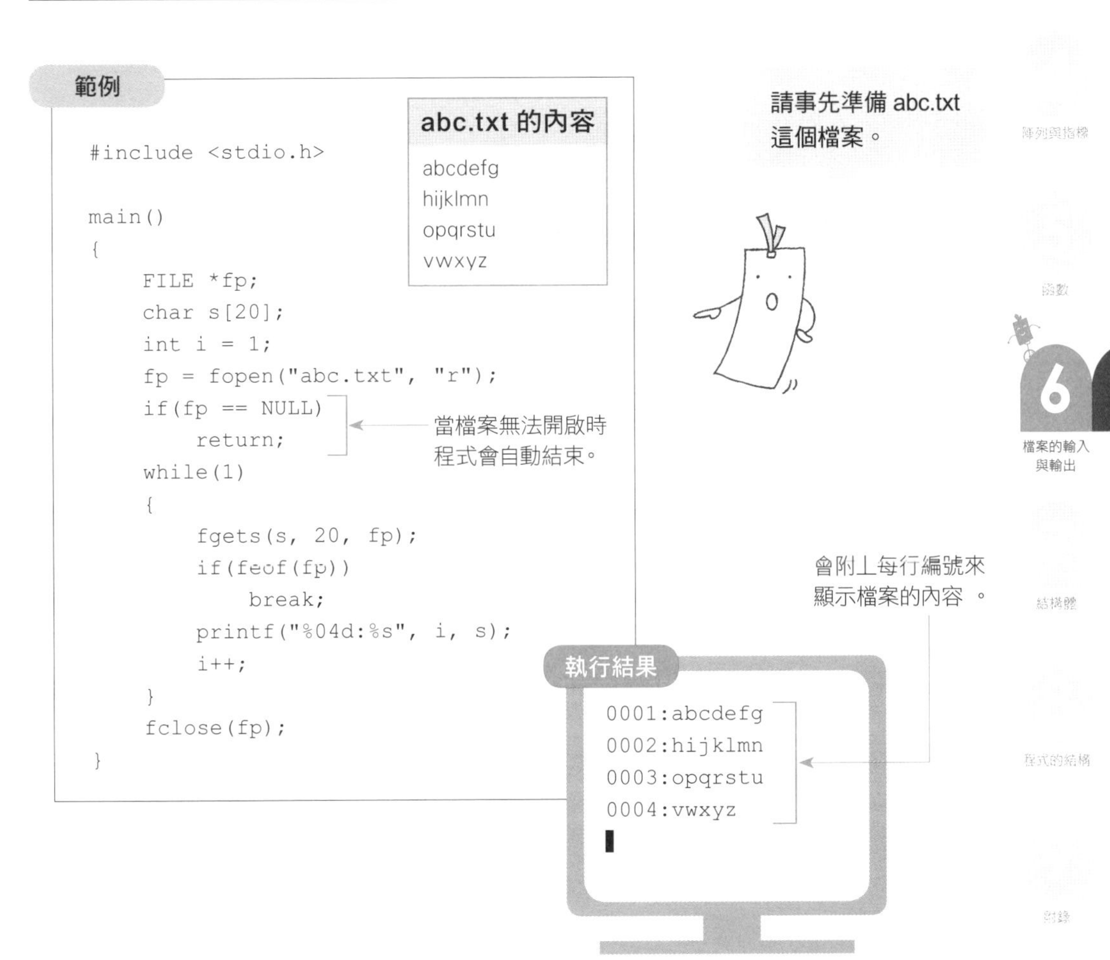


```
#include <stdio.h>

main()
{
    FILE *fp;
    char s[20];
    int i = 1;
    fp = fopen("abc.txt", "r");
    if(fp == NULL)
        return;
    while(1)
    {
        fgets(s, 20, fp);
        if(feof(fp))
            break;
        printf("%04d:%s", i, s);
        i++;
    }
    fclose(fp);
}
```

檔案的寫入

學過檔案的讀取後，接下來嘗試透過程式來建立文字檔。

文字檔的寫入步驟

這裡嘗試將 "Hello" 這樣的資料寫入 file2.txt 當中。

①開啟檔案

將檔案使用模式設定為寫入模式專用的 "w" 或附加模式專用的 "a" 來開啟檔案 。

```
FILE *fp;
fp = fopen("file2.txt", "w");
```

②將資料寫入檔案

想要將字串寫入檔案時就使用 **fputs()** 函數。

```
fputs("Hello\n", fp);
```

寫入的字串

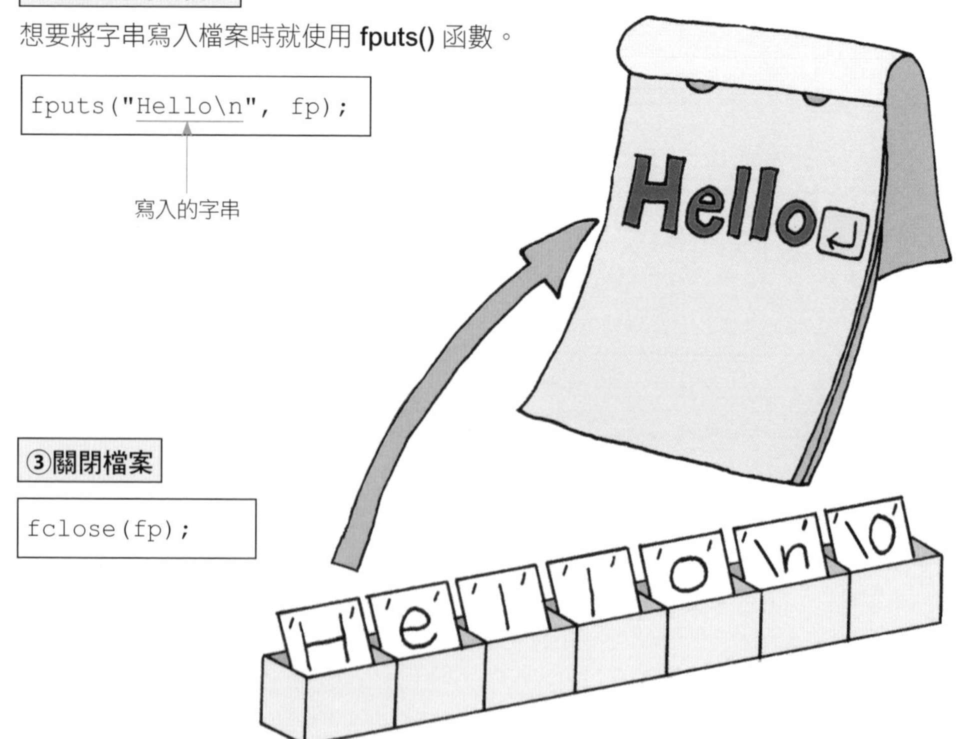

③關閉檔案

```
fclose(fp);
```

以指定格式來寫入資料

fprintf() 函數在處理檔案時可以發揮與 printf() 函數相同的功用。想要將文字資料寫入檔案時，fprintf() 函數是個便利的選擇。

範例

```
#include <stdio.h>

main()
{
    FILE *fp;
    int a = 100, b = 5, c = 40;
    int x = 1, y = 10, z = 100;
    char delm[] = "-----------\n";

    fp = fopen("mat.txt", "w");
    if(fp == NULL)
        return;
    fputs(delm, fp);
    fprintf(fp,"%4d%4d%4d\n%4d%4d%4d\n", a, b, c, x, y, z);
    fputs(delm, fp);
    fclose(fp);
}
```

執行結果

```
(mat.txt 的內容)
-------------
100   5  40
  1  10 100
-------------
```

二進位檔的讀寫 (1)

處理二進位檔時，檔案的開啟方式和讀寫所使用的函數皆與文字檔稍有不同 。

二進位檔的讀寫

在文字檔的讀寫中，fgets() 等函數可以自動換行，並有各種功能。但在二進位檔的情形下，無論是一般字元或換行等控制字元都毫無差別，皆會被視為相同的資料來處理。

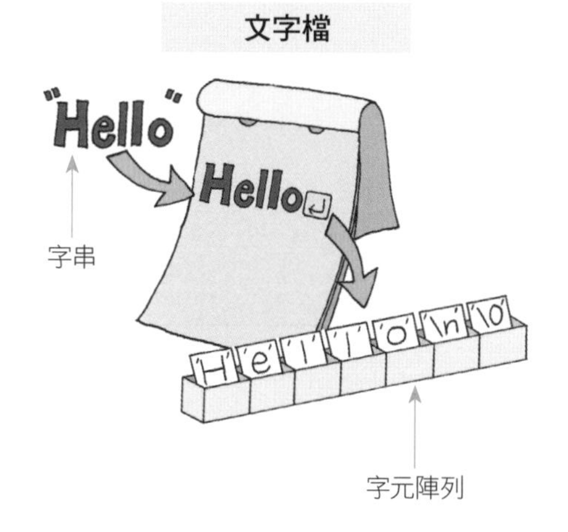

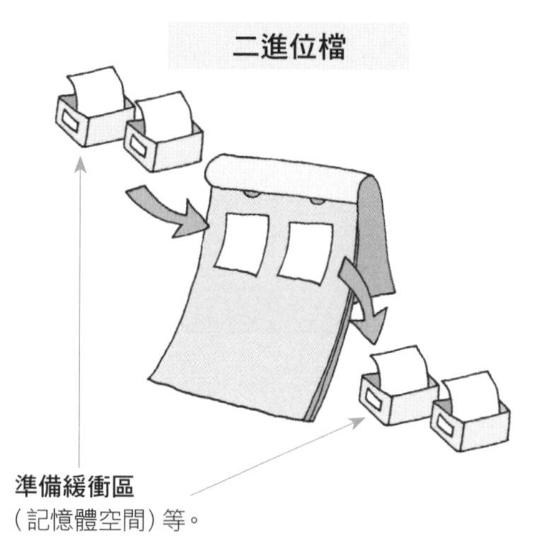

二進位檔的開啟

在開啟二進位檔時也會使用 fopen() 函數。不過在指定檔案使用模式時必須要加上「b」，以二進位模式來開啟檔案。

```
FILE *fp;
fp = fopen("file3.dat", "rb");
```


主要的檔案使用模式如下所示。

"rb"	**讀取模式專用**
"wb"	**寫入模式專用**
"ab"	**附加模式專用**

在以各個模式開啟檔案時，檔案指標的表示位置與 "r"、"w"、"a" 時相同 。

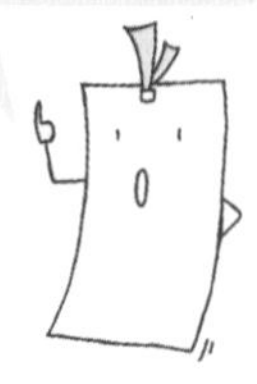

二進位檔案的讀取步驟

從 file3.dat 中將三個 short 型態的變數讀入記憶體。

①開啟檔案

將檔案使用模式設定為二進位檔讀取專用的 "rb" 之後開啟檔案。

```
short buf[3];
FILE *fp;
fp = fopen("file3.dat", "rb");
```

因為**接收讀取檔案資料的緩衝區**設定為 sizeof(short)=2，所以將會是 6 位元組份量的緩衝區。

②讀取資料

讀取二進位資料時會使用 **fread()** 函數。

下方範例中，會從檔案指標表示的位置開始讀取三次 2 位元組的資料。

```
fread(buf, sizeof(short), 3, fp);
```

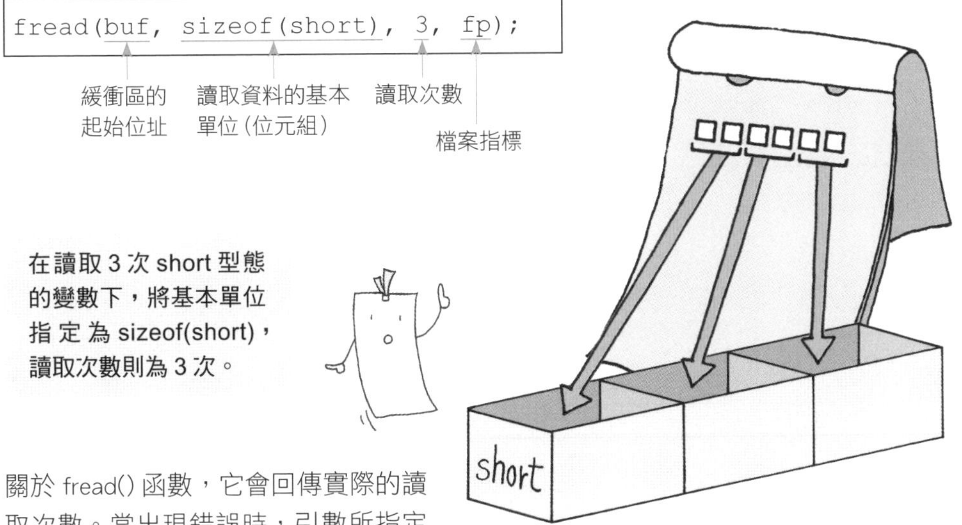

關於 fread() 函數，它會回傳實際的讀取次數。當出現錯誤時，引數所指定的次數與回傳值將會不一致 。

③關閉檔案

最後使用 fclose() 函數來關閉檔案。

```
fclose(fp);
```

二進位檔的讀寫 (2)

在學過讀取方法後，緊接著介紹寫入的方法。

二進位檔的寫入步驟

這裡嘗試在 file4.dat 中寫入 3 個 short 型態的變數資料。

①開啟檔案

將檔案使用模式設定為二進位檔寫入專用的 "wb" 之後開啟檔案。

```
short buf[] = {
  0x10,0x20,0x30
}
FILE *fp;
fp = fopen("file4.dat","wb");
```

事先準備寫入的資料。

②將資料寫入檔案

想要將資料寫入二進位檔時必須使用 **fwrite()** 函數。

下方範例中，在檔案指標所示的位置寫入三次二位元組份量的資料。

```
fwrite(buf, sizeof(short), 3, fp);
```

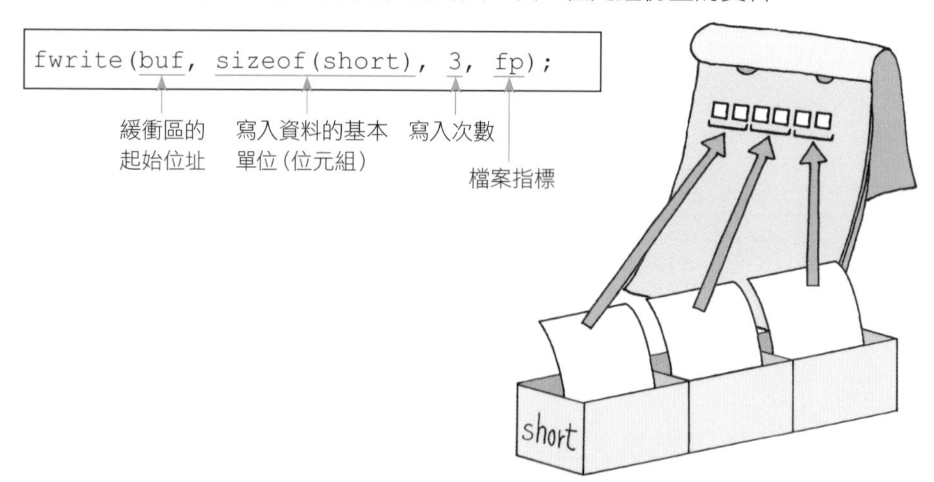

關於 fwrite() 函數，它會回傳實際的寫入次數。當出現錯誤時，引數所指定的次數與回傳值將會不一致 。

③關閉檔案

最後使用 **fclose()** 函數來關閉檔案。

```
fclose(fp);
```

範例

```
#include <stdio.h>

main()
{
    FILE *fp;
    char filename[] = "bintest.dat";
    int buf_w[10], buf_r[10];
    int i;

    for(i = 0; i < 10; i++)
        buf_w[i] = (i+1) * 10;
    if(!(fp = fopen(filename, "wb")))
        return;
    if(fwrite(buf_w, sizeof(int), 10, fp) != 10) {
        fclose(fp);
        return;
    }
    fclose(fp);

    if(!(fp = fopen(filename, "rb")))
        return;
    if(fread(buf_r, sizeof(int), 10, fp) != 10) {
        fclose(fp);
        return;
    }
    fclose(fp);

    for(i = 0; i < 10; i++)
        printf("%d ", buf_r[i]);
}
```

建立寫入用的資料

寫入

讀取

顯示讀取的內容

執行結果

```
10 20 30 40 50 60 70 80 90 100
```

別忘了因應在讀取、寫入時發生的錯誤問題！

一般的輸入與輸出

所謂檔案並非僅限於隨時存在於磁碟當中的資料集合體。

C 語言的輸入與輸出

如同先前的介紹，C 語言是透過檔案指標在磁碟的檔案上進行資料的輸入或輸出。事實上在經由鍵盤或顯示器等輸出入裝置處理檔案時，也是將這些裝置視為檔案，並以同樣的概念來它們發揮作用。

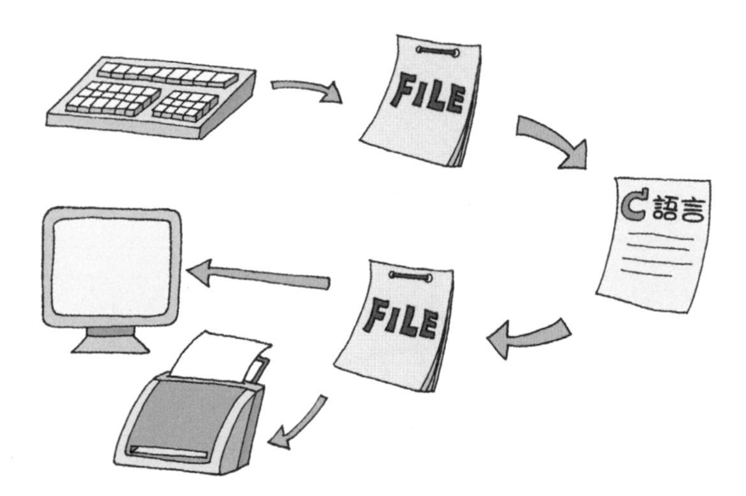

標準輸出入串流的種類

在 C 語言當中已為了基本的輸出與輸入準備了 **stdin**、**stdout**、**stderr** 這三個檔案指標，它們會在程式開始執行的同時自動開啟，因此無須再透過程式來開啟或關閉他們。

stdin（標準輸入）	stdin 是接收來自標準輸入裝置（標準設定下為鍵盤）所輸入資料的檔案指標。

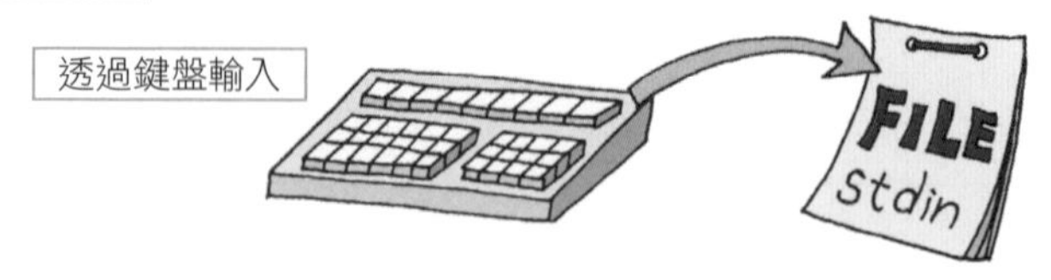

stdout（標準輸出）

stdout 是將資料輸出到基本輸出裝置（標準設定為顯示器）時做為窗口的檔案指標。

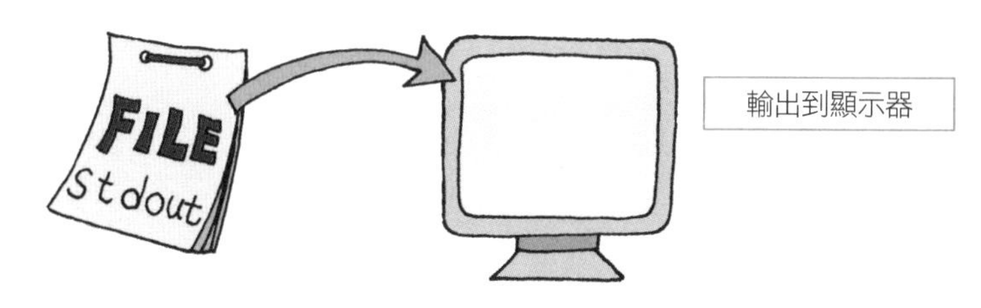

stderr（標準錯誤輸出）

stderr 將錯誤資訊輸出到基本錯誤輸出裝置（標準設定為顯示器）時做為窗口的檔案指標。

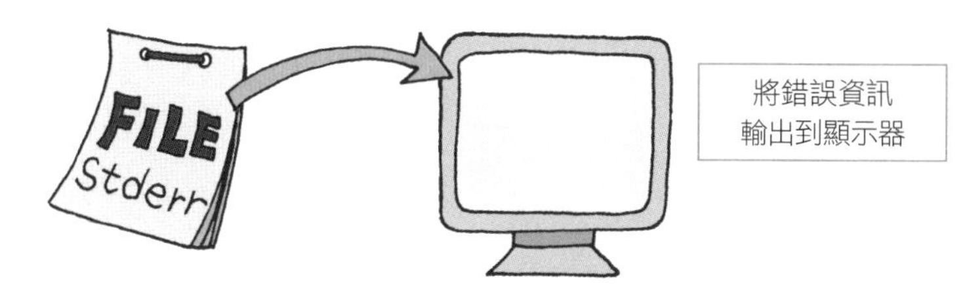

透過檔案用函數將標準輸出入串流指定到檔案指標後，就能透過鍵盤和顯示器來輸入與輸出。舉例而言，透過 printf( ) 函數在顯示器上輸出時，因為資料會送到 stdout，所以函數的編寫方式會如下方所示。

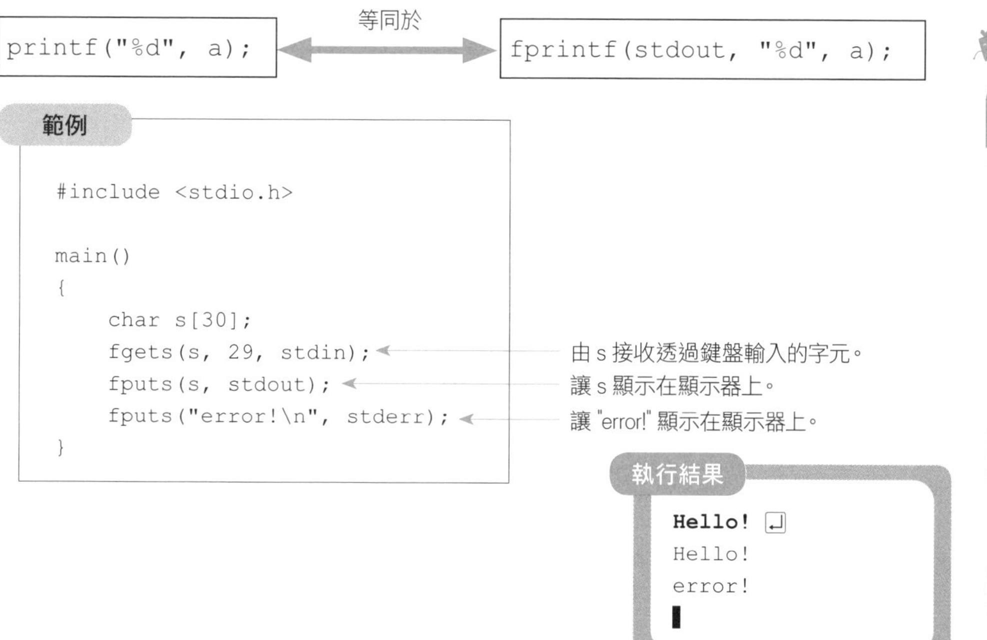


```
#include <stdio.h>

main()
{
    char s[30];
    fgets(s, 29, stdin);
    fputs(s, stdout);
    fputs("error!\n", stderr);
}
```

※ 粗體字是透過鍵盤輸入的文字

鍵盤輸入

對於透過鍵盤輸入的資料，在此將說明藉由變數或陣列來接收的方法。

透過鍵盤輸入資料

雖然在先前的內容裡曾經介紹過由鍵盤輸入一個字元的 **getchar()** 函數，但在這裡則是統整了透過鍵盤輸入資料時主要使用的各種函數。

scanf( ) 函數

scanf() 函數會將透過鍵盤輸入的資料轉換成指定格式，接著放到變數或陣列當中。

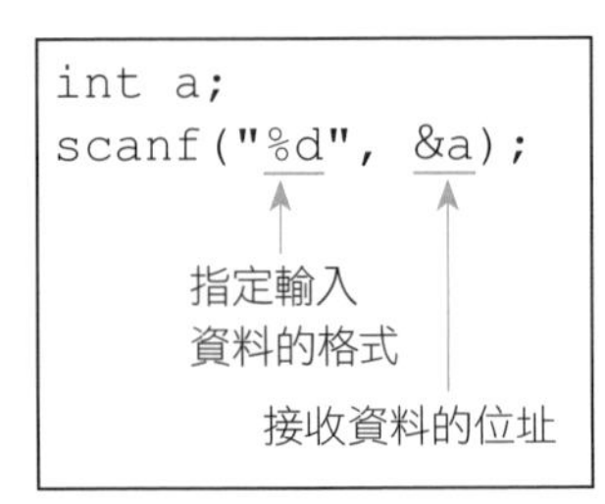

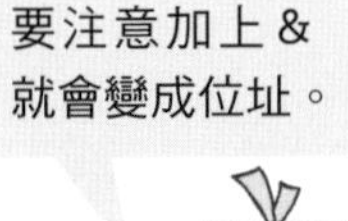

字串的情形

```
char s[30];
scanf("%s", s);
```

陣列名稱方面，因為陣列的第一個元素會變成指標，所以不需加上 &。

也可以一次輸入多項資料（輸入字元會以空格來區隔 ）。

```
int a;
char s[30];
scanf("%d %s", &a, s);
```

輸入字元會以空格來區隔，因此無法正確讀取包含空格的字串。另外，也因為無法保證輸入字元與指定格式相符，所以並不推薦使用。

gets( ) 函數

gets() 函數會將透過鍵盤輸入的一行份量的字串送到字元陣列，而空格也會一併讀取。

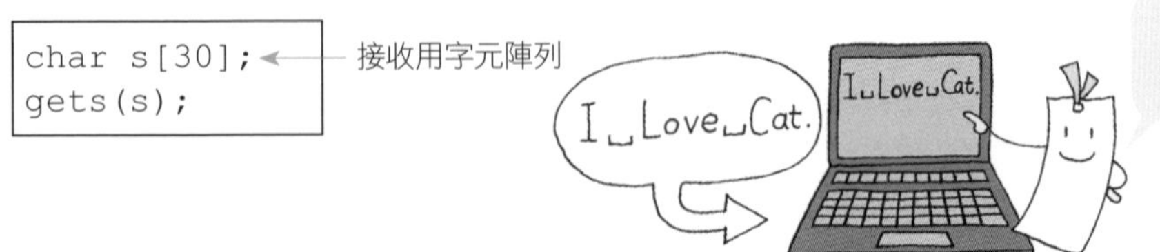

空格也會顯示。

getchar( ) 函數

getchar() 函數只會將透過鍵盤輸入字元的 1 個字元送到變數。

```
int c;
c = getchar();
```
接收用變數（int 型態）

在執行 gets() 等函數後，程式會處在等待鍵盤輸入資料的狀態。

輸入並且按下 enter 鍵之後，就會接收資料。

範例

```
#include <stdio.h>

main()
{
    int a, b = 7;
    char s[40];
    printf("請輸入姓名\n");
    gets(s);
    printf("猜數字遊戲！請輸入從 0 到 9 的一個數字\n");
        while(a != b) {
            scanf("%d",&a);
            if((a == b-1) || (a == b+1))
                printf("猜錯了！\n");
            else if(a > b+1)
                printf("應該是更小的數字\n");
            else if(a < b-1)
                printf("應該是更大的數字\n");
        }
    printf("正確答案！恭喜您～%s !!\n",s);
}
```

執行結果

```
請輸入姓名
Kobayashi Maiko ↵
猜數字遊戲！請輸入從 0 到 9 的一個數字
6 ↵
猜錯了！
7 ↵
正確答案！恭喜您～Kobayashi Maiko !!
```

※粗體字是透過鍵盤輸入的文字

● 置換檔案中的字串

將 dog.txt 這個檔案中的 "dog" 字串穿全部變換成 "rabbit"，再以 rabbit.txt 這個名稱儲存檔案。

dog.txt 的內容

The quick brown fox jumps over the lazy dog.
I like cat and dog.

原始碼

```
#include <stdio.h>
#include <string.h>

int main()
{
    FILE *fpr, *fpw;             /* 讀取 / 寫入檔案指標 */
    char bufr[256], bufw[256]; /* 讀取 / 寫入緩衝區 */
    char str1[] = "dog";         /* 置換前的字串 */
    char str2[] = "rabbit";      /* 置換後的字串 */
    char *p, *q;

    if(!(fpr = fopen("dog.txt", "r"))) {
        printf(" 讀取檔案開啟失敗。");
        return 1;
    }
    if(!(fpw = fopen("rabbit.txt", "w"))) {
        printf(" 讀取檔案開啟失敗。");
        return 1;
    }
    while(1) {
        fgets(bufr, 256, fpr);
        strcpy(bufw, bufr);
        p = strstr(bufr, str1);
        if(p) {
            q = bufw + (p - bufr);
            strcpy(q, str2);
            strcpy(q+strlen(str2), p+strlen(str1));
        }
        fprintf(fpw, "%s", bufw);
        if(feof(fpr))
            break;
    }
    fclose(fpr);
    fclose(fpw);
    return 0;
}
```

strstr( ) 函數
從第 1 參數中搜尋第 2 參數的字串，並且回傳其位址的指標。

替換字串。

bufr　p　str1
bufw　q　str2

執行結果

```
(rabbit.txt 的內容)
The quick brown fox jumps over the lazy rabbit.
I like cat and rabbit.
```

建立 dump 指令

這裡嘗試編寫出顯示二進位檔內容的程式 "dump"。

原始碼

```
int main(int argc, char* argv[])
{
    FILE *fp;
    unsigned char buf[16];  /* 讀入的緩衝區 */
    unsigned long addr = 0; /* 第一個位址 */
    int readnum, i;

    if(argc <= 1) {
        printf("usage:dump filename\n");
        return 1;
    }
    if(!(fp = fopen(argv[1], "rb"))) {
        printf("file open error.\n");
        return 1;
    }
    while(1) {
        printf("%08X ", addr);
        readnum = fread(buf, 1, 16, fp);
        /* 顯示二進位資料 */
        for(i = 0; i < readnum; i++) {        ← readnum 為實際讀取的位元組數。
            if(i == 8)
                printf(" ");
            printf("%02X ", buf[i]);
        }
        for(i = readnum; i < 16; i++) {
            if(i == 8)
                printf(" ");
            printf("   ");
        }
        printf(" ");
        for(i = 0; i < readnum; i++)
            printf("%c", (32 <= buf[i] && buf[i] <= 126) ? buf[i] : '.');
        printf("\n");
        addr += 16;
        if(feof(fp))
            break;
    }
    fclose(fp);
    return 0;
}
```

控制字元替換成 "."。

執行結果

```
>dump bintest.dat
00000000 0A 00 00 00 14 00 00 00  1E 00 00 00 28 00 00 00  ............(...
00000010 32 00 00 00 3C 00 00 00  46 00 00 00 50 00 00 00  2...<...F...P...
00000020 5A 00 00 00 64 00 00 00                           Z...d...
```

※ 粗體字是透過鍵盤輸入的文字。
另外，這裡是使用在 6-13 頁範例中建立的 bintest.dat 所執行的結果。

COLUMN

～fseek( )函數～

本章的內容裡，主要學習了有關於讀寫檔案資料函數的知識，同時對於讀寫檔案時的檔案指標位置，還有這個位置會取決於檔案使用模式等相關知識也都一併做了介紹。看到這裡，或許有些讀者的心中不免會浮現「檔案的讀寫位置難道不能自行來決定嗎？」這樣的疑問。其實在 C 語言當中，的確有可以移動檔案指標位置的函數。

當想要移動檔案指標時，就使用 fseek() 函數吧！

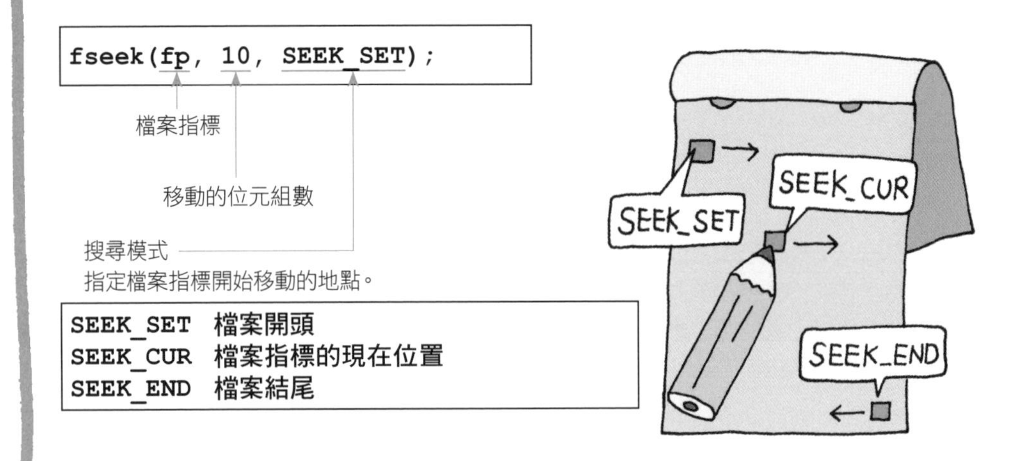

在 fseek() 函數裡，無論是文字檔或二進位檔都會以 1 個位元組為單位來移動。在文字檔當中，雖然有些開發環境會將換行符號視為 2 個位元組，但在這裡都會被視為 1 個位元組，必須注意。

7

結構體

讓資料的管理與統整更簡便！

在第 7 章中要來介紹**結構體**（struct）。雖然這是一個耳聞許久的名稱，但結構體到底是個什麼樣的東西呢 ？

在解說有關結構體的知識前，請各位回想在第 4 章學過的陣列。所謂陣列是匯集了「相同型態」的資料結合而成，相對於此，結構體則是匯集了「不同型態」的資料結合而成。當您朝著編寫更複雜程式的方向邁進時，相信過程中內心也必定會浮現「雖然是不同型態，但真希望讓有關聯的資料能夠全部整合在一起…」這樣的想法，此時正是結構體派上用場的機會。

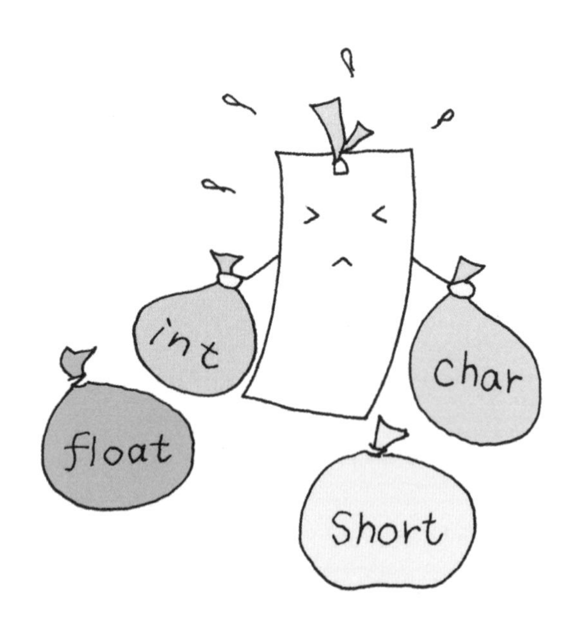

首先在結構體中，會指定要讓哪些型態的變數匯集，這個稱之為結構體的**樣板**（template）。光是定義樣板並沒有辦法將資料送入其中，對此必須為結構體內含的資料型別（型態）準備各個變數（**結構體變數**），感覺起來就像是用來裝入

融化巧克力的各種外型容器。透過將各種型別資料檔案一同送到這些事先準備的結構體變數箱子，即使是龐大的資料也能輕鬆而簡潔地處理。

在進一步的應用技巧方面，將會介紹讓結構體形成「陣列」的**結構體陣列**相關知識。所謂結構體陣列，簡單來說就是以接收各型別資料的箱子組成結構體之後，再用指定數量的方式準備好相同的結構體。像是在整理員工名冊的時候，就能派上用場。舉例而言，儲存的資料共有員工編號、姓名、性別、出生年月日和到職年月日這 5 個項目，員工人數為 1000 人。若是使用結構體陣列，首先必須準備接收這 5 個項目資料的樣板，接著再以結構體陣列的方式準備 1000 組相同的箱子。

結構體

在此先來認識結構體，並學習宣告的方法。

結構體的概念

所謂結構體是一種讓多個型別的變數合為一體的複合式資料型別。雖然有近似陣列的感覺，不過即便是不同型別的資料，甚至是陣列也都能合而為一。另外，藉由結構體結合在一起的元素各自稱為**成員**（member）。

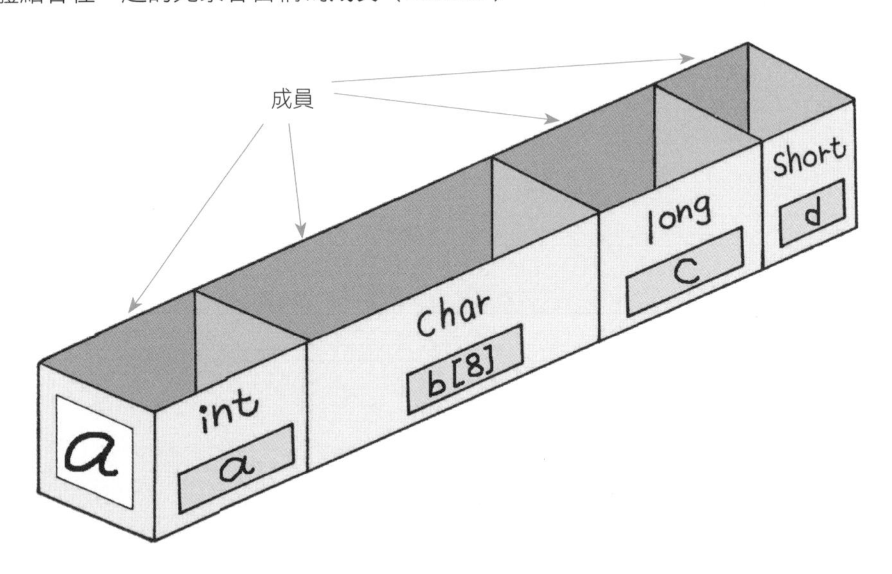

結構體的宣告

結構體的宣告是透過下方所示的兩個步驟來進行。

①結構體樣板的宣告

決定要以什麼型別的變數或陣列來組合出基本結構。

②結構體變數的宣告

為了實際接收儲存資料而準備結構體樣板的變數。

另外，結構體的樣板和結構體的變數也可用一次宣告來完成。

結構體樣板的宣告

要用什麼樣的變數來組合成一個結構體，這樣的定義過程就叫做「結構體樣板的宣告」。宣告方法如下所示。

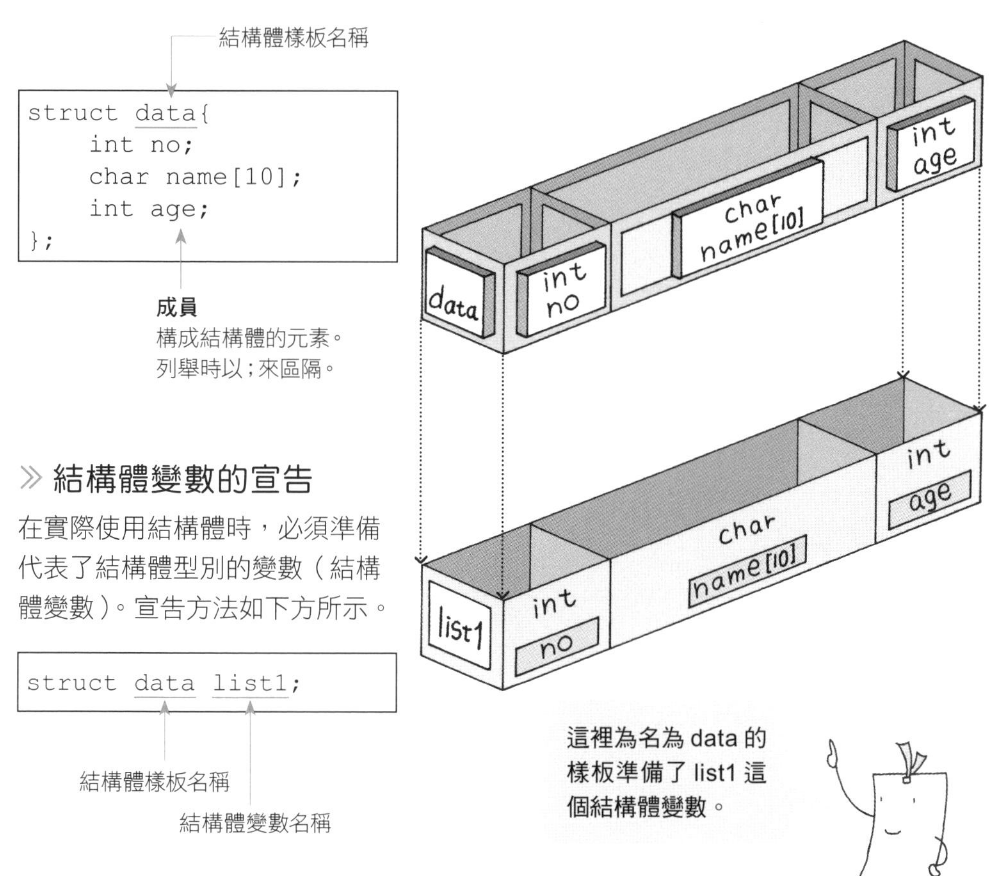

結構體變數的宣告

在實際使用結構體時，必須準備代表了結構體型別的變數（結構體變數）。宣告方法如下方所示。

同時宣告結構體樣板與結構體變數

可用如下所示的方法同時宣告樣板與變數。

結構體的活用

在這裡瞭解為每個結構體成員各自指派值的方法與參考值的方法。

結構體的初始化

結構體變數的初始化可在宣告時以下方所示的方法來進行。

```
struct data{
    int no;
    char name[10];
    int age;
};
struct data list1 = {1, "nagashima", 39};
```

宣告結構體 data

初始化

結構體樣板名稱（data）

結構體變數名稱（list1）

初始化清單（{1, "nagashima", 39}）

配合宣告來編寫資料內容。

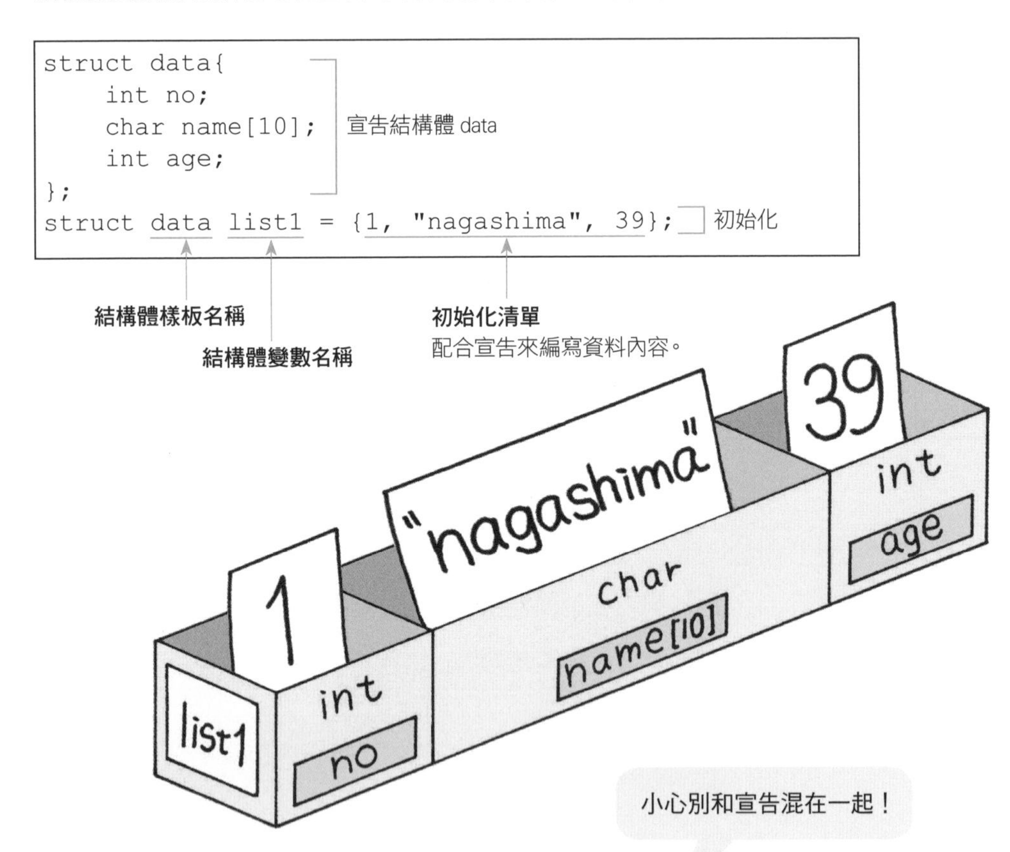

當成員數量眾多時，也可以換行編寫。

```
struct data list1 = {
    1,
    "nagashima",
    39
};
```

結構體成員的存取

在參考結構體變數的成員時，必須使用「.（句號）」來指定要參考哪個成員。

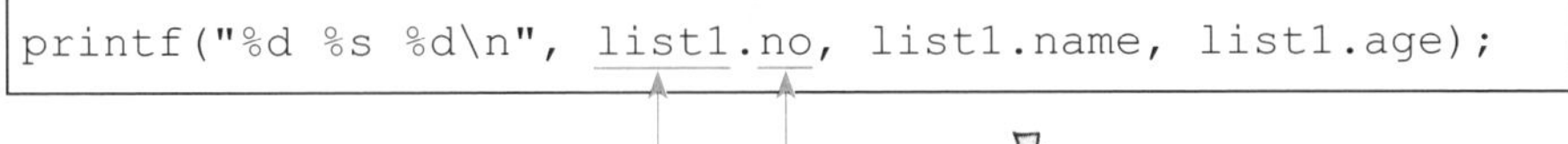

成員名稱

結構體變數名稱

變數名稱與成員名稱之間用句號來銜接。

將資料指派到結構體變數時也是一樣。

```
list1.no = 3;
strcpy(list1.name , "nagashima" );
list1.age = 39;
```

結構體變數 list1 的…
- 將 3 指派到成員 no
- 將 nagashima 拷貝至成員 name
- 將 39 指派到成員 age

範例

```
#include <stdio.h>

struct _point2d {
    double x;
    double y;
} pt;

main()
{
    pt.x = 30.0;
    pt.y = 23.6;
    printf("pt = (%4.1f, %4.1f)\n", pt.x, pt.y);
}
```

執行結果

```
pt = (30.0, 23.6)
```

結構體與指標

如同先前介紹過的變數與指標之間的關係，可用相同的概念來理解結構體變數與指標之間的關係。

用來指向結構體的指標

在這裡來思考用指標指向結構體變數的方法。

基本概念與使用指標指向變數是相同的。而在宣告指向結構體的指標時，必須要在指標的名稱前方加上 *。

因為是在宣告實體時使用，
所以必須指定結構體樣板名稱。

```
struct data {
    int no;
    char name[10];
    int age;
};
struct data *sp;
```

結構體樣板名稱

指標名稱

將位址指派到指標的編寫方法如下所示。

```
struct data list1;
sp = &list1;
```

結構體變數名稱

在結構體變數名稱前加上 & 之後就會變成位址。

使用指標時結構體的參考方法

關於使用指標參考結構體成員的方法，必須使用 -> （**箭頭運算子**）這個符號。編寫方法如下所示。

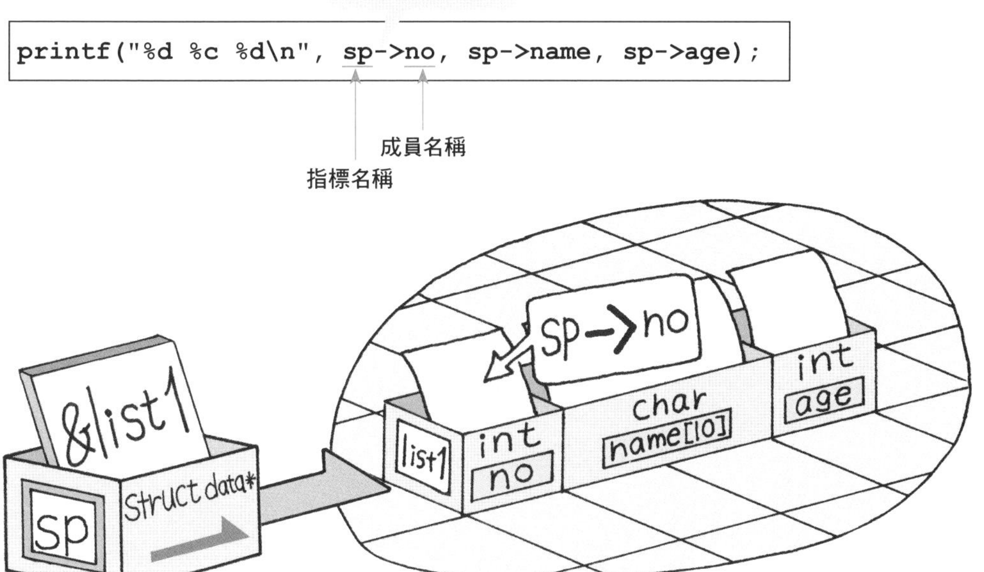

範例

```c
#include <stdio.h>

struct _colorpoint2d {
    double x, y;
    int colorid;
} cpt;
struct _colorpoint2d *ppt = &cpt;

main()
{
    ppt->x = 2.4;
    ppt->y = 3.2;
    ppt->colorid = 1;
    printf("(%3.1f, %3.1f) color=%d\n",
        ppt->x, ppt->y, ppt->colorid);
}
```

結構體與陣列

在結構體的應用技巧方面，這裡要介紹結構體陣列，它能在建立名冊資料庫等情況時派上用場。

結構體陣列

如同一般的變數，結構體變數也能朝陣列的方向來思考編寫方式，這就叫做**結構體陣列**。

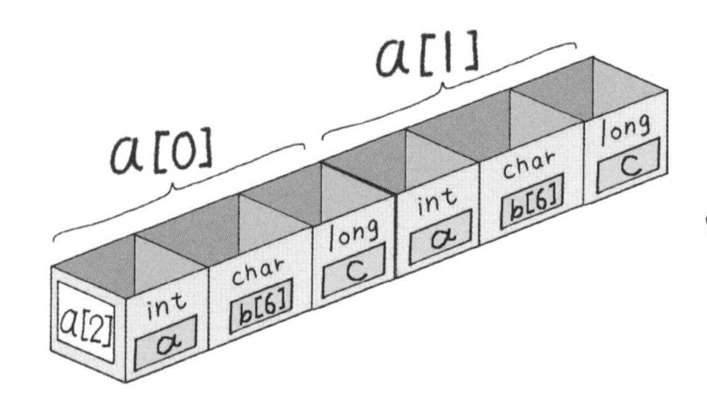

結構體陣列的使用方式幾乎與結構體變數完全相同。

結構體陣列的宣告

個別宣告結構體樣板與結構體陣列

```
struct data{
    int no;
    char name[10];
    int age;
};
struct data list1[10];
```

同時宣告結構體樣板與結構體陣列

```
struct data{
        int no;
        char name[10];
        int age;
} list1[10];
```

結構體陣列

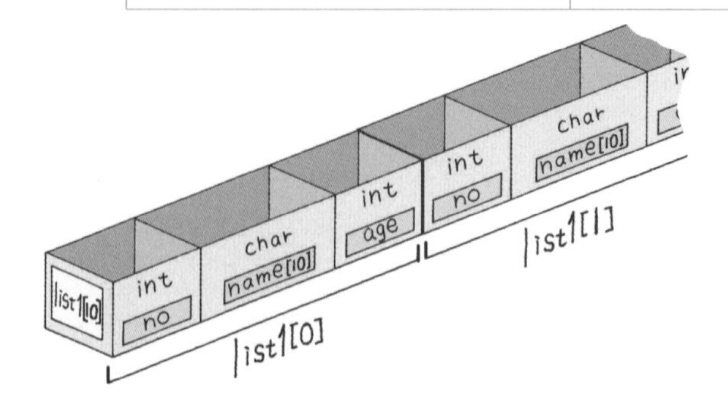

結構體陣列的初始化

```
struct data list1[10] = {
    {1, "nagashima", 39},
    {2, "yamada", 33},
            ⋮
    {10, "tonegawa", 31}
};
```

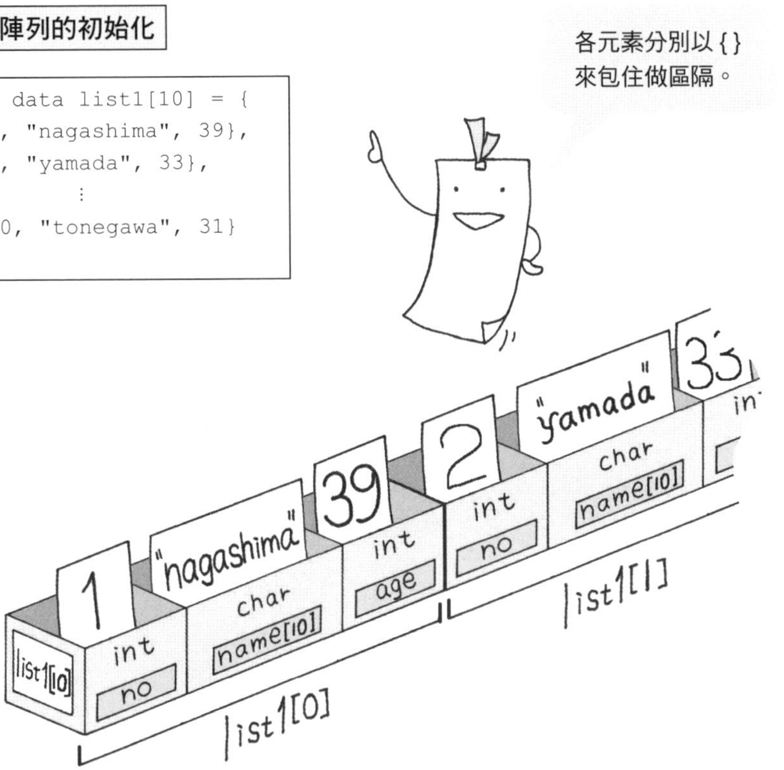

各元素分別以 {} 來包住做區隔。

結構體陣列的參考

下方三個範例為使用 for 迴圈來重複執行參考作業直到陣列的最後元素。三個範例都會顯示相同的結果。

使用 [ ] 的方式

```
int i;
for(i = 0; i < 10; i++)
    printf("%d %s %d\n", list1[i].no, list1[i].name, list1[i].age);
```

使用 * 的方式

```
int i;
struct data *sp = list1;  ←  結構體陣列名稱為第 0 號元素，因此無須使用 &。
for(i = 0; i < 10; i++)
    printf("%d %s %d\n",
        (*(sp+i)).no, (*(sp+i)).name, (*(sp+i)).age);
```

使用 -> 的方式

```
struct data *sp;
for(sp = list1; sp! = list1+10; sp++)
    printf("%d %s %d\n", sp->no, sp->name, sp->age);
```

重新定義型別名稱

冗長的型別名稱在編寫程式時往往會帶來許多不便，對此情形可使用 typedef 讓型別名稱變得更簡潔。

變更型別名稱

在搭配 unsigned 等構成資料型別名稱後，整串文字很容易變得相當冗長，對此可使用 **typedef** 來任意更換成其他名稱（稱之為**重新定義型別名稱**）。

如下方所示，可讓「unsigned char」轉換成以「u_char」來編寫。

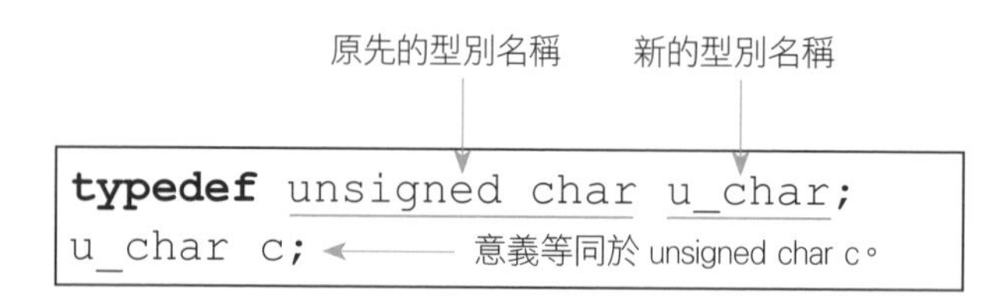


```
typedef unsigned char u_char;
u_char c;  ← 意義等同於 unsigned char c。
```

指標型態的重新定義方法則如下所示。

```
typedef unsigned int *pt_int;
pt_int a;  ← 意義等同於 unsigned int *a。
```

在 a 的前方無須加上 *。

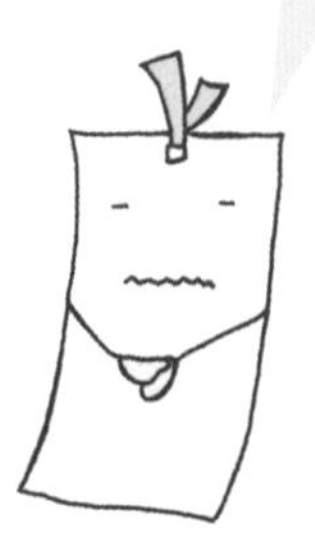

變更結構體名稱

就連結構體的樣板也能透過 typedef 來自由重新定義名稱。

結構體名稱
因為變更為 DATA 這個名稱，即使省略也不會對重新運用造成影響。

```
typedef struct data {
    int no;
    char name;
    int age;
} DATA;   ← 新的名稱

DATA list1;
```

DATA 是型別名稱，因此不需要加上 struct。

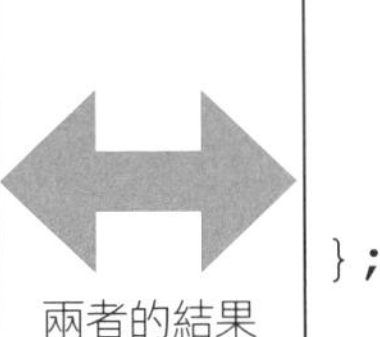

兩者的結果相同。

結構體名稱

```
struct data{
    int no;
    char name;
    int age;
};

struct data list1;
```

結構體名稱前必須加上 struct。

範例

```
#include <stdio.h>

typedef struct _PROFILE {
    char name[40];
    int age;
} PROFILE;

main()
{
    PROFILE prof[2] = {
        {"Maiko", 20 },
        {"Naoki", 31 }
    };
    int i;
    for(i = 0; i < 2; i++)
        printf("%s 今年 %d 歲 \n",
            prof[i].name, prof[i].age);
}
```

執行結果

```
Maiko 今年 20 歲
Naoki 今年 31 歲
```

基本的程式
運算子
迴圈控制
陣列與指標
函數
檔案的輸入與輸出
7
結構體
程式的結構
附錄

卡路里計算程式

這是可以登錄食品來計算卡路里的程式。

原始碼

```
#include <stdio.h>
#include <string.h>

typedef struct _CALORIE {
        char name[40];
        float value;
} CALORIE;
```

CALORIE 結構體的定義

```
int calregist(CALORIE *, int);
float calcalc(CALORIE *, int);
```

原型宣告

```
int main()
{
        CALORIE cal[500] = {
                {"米飯", 150.0}, {"中華麵", 57.1},
                {"蕎麥麵", 133.3}, {"烏龍麵", 100.0},
                {"細麵", 133.3}, {"吐司", 250.0}
        };
        int cal_num = 6;
        int mode = 0;

        printf("卡路里計算工具\n");
        while(1) {
                printf("登錄食品請按 1、計算請按 2、結束程式請按 0: ");
                scanf("%d", &mode);
                if(mode == 0)
                        break;
                else if(mode == 1)
                        cal_num = calregist(cal, cal_num);
                else if(mode == 2)
                    printf("合計卡路里 :%6.2fkcal\n\n", calcalc(cal, cal_num));
        }
        return 0;
}
```

資料庫是在 main() 函數當中來定義 (最多 500 件)

最初 6 件已登錄完成

```
/*********************************************
  calregist() 登錄至卡路里清單
  [參數]  pcal -- 指向卡路里清單的指標
          num -- 登錄前的清單元素數
  [回傳值] 登錄後的清單元素數
*********************************************/
int calregist(CALORIE *pcal, int num)
{
        printf("請輸入食品名稱 : ");
        scanf("%s", (pcal+num)->name);
        printf("請輸入該項食品的卡路里 [kcal/100g] : ");
        scanf("%f", &((pcal+num)->value));
        printf("完成登錄作業。\n\n");
        return num+1;
}
```

```
/*********************************************
  calcalc() 計算卡路里
  [參數]  pcal -- 指向卡路里清單的指標
          num -- 清單元素數
  [回傳值] 卡路里數
*********************************************/
float calcalc(CALORIE *pcal, int num)
{
        char name[40];          /* 輸入的食品名稱 */
        float gram;             /* 輸入的公克數 */
        float totalcal = 0.0; /* 合計卡路里 */
        int i;

        printf("--食品名稱一覽---------------\n");
        for(i = 0; i < num; i++)
                printf("%s\t", (pcal+i)->name);
        printf("\n---------------------------\n");

        while(1) {
                printf("食品名稱(輸入 end 來結算): ");
                scanf("%s", name);
                if(strcmp(name, "end") == 0)
                        break;
                printf("公克: ");
                scanf("%f", &gram);
                for(i = 0; i < num; i++) {
                        if(strcmp(name, (pcal+i)->name) == 0) {
                            totalcal += (pcal+i)->value * gram / 100.0;
                            break;
                        }
                }
        }
        return totalcal;
}
```

執行結果

```
卡路里計算程式
登錄食品請按 1、計算請按 2、結束程式請按 0: 1↵
請輸入食品名稱:草莓↵
請輸入該項食品的卡路里 [kcal/100g] : 36.4↵
完成登錄作業。
登錄食品請按 1、計算請按 2、結束程式請按 0: 2↵
--食品名稱一覽---------------
米飯    中華麵    蕎麥麵    烏龍麵    細麵    吐司    草莓
---------------------------
食品名稱(輸入 end 來結算): 蕎麥麵↵
公克: 120↵
食品名稱(輸入 end 來結算) : 草莓↵
公克: 50↵
食品名稱(輸入 end 來結算) : end↵
合計卡路里: 178.16kcal

登錄食品請按 1、計算請按 2、結束程式請按 0: 0↵
```

COLUMN

～資料的整合～

從本書第一頁讀到這裡的讀者，相信在學習 C 程式語言的道路上已漸入佳境。此時各位的心中是否逐漸湧現一股想要寫出完整而實用程式的渴望呢？隨著處理性能的提升，程式內容也會跟著變複雜，以處理作業為單位劃分成數個函數來運作，不僅能讓程式內容更簡潔，效率也會更為提升。當編寫程式的技術更為熟練後，盡可能不要使用全域變數，藉由指定參數的方式來編寫會讓函數更具通用性等，相信應該會更實際感受到這些優點的魅力。

隨著朝程式結構化的方向深入鑽研，函數當中的參數也會自然地增加，內容也會趨於複雜化。像是參數的數量來到 10 個，參數型別成為指標的指標等，這些情形都有可能會發生。舉例而言，在下方所示的兩種程式編寫方法當中，隨著函數的運用頻繁度提升，後者的編寫方法會讓程式內容變簡潔。

```
void getpoint(int *x, int *y, int *z, int *col)
{
        :
}

int x, y, z, col;
        :
getpoint(&x, &y, &z, &col);
        :
```

```
typedef struct _POS3D {
    int x, y, z, col;
} POS3D, *LPPOS3D;

void getpoint(LPPOS3D pos)
{
        :
}

POS3D pos3d;
        :
getpoint(&pos3d);
        :
```

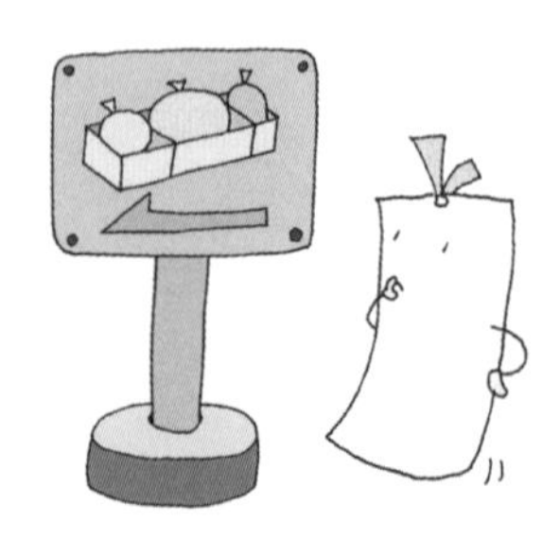

另外，在有眾多參數的場合下，若是一個一個傳址，必須執行對應次數的資料移動作業。相對於此，若是傳址的話，不僅只需傳送指向結構體的一個指標即可，對執行速度來說也會比較有利。不過在傳址時，函數中值的變更會回頭影響到參數，這點必須注意。

將結構體視為一個「集合體（物件）」，藉此整合編寫的程式內容，這樣的想法就有如 C++ 當中「類別（class）」的概念。

8
程式的結構

C 不僅僅只是編碼 (Coding)，更是展現技術之時

舉例而言，當使用 printf() 函數時，原始碼的開頭必須有「#include <stdio.h>」這樣的內容，這行文字到底有什麼樣的意義呢？

其實這個編寫方式有「請將 studio.h 這個檔案納入原始碼當中」的意義，而這種副檔名為「.h」的檔案則稱作**標頭檔**（header file）。所謂的標頭檔，主要是寫入了宣告和定義。因此在副檔名為「.c（有些會顯示 .cpp 等名稱）」的原始程式檔當中會使用 **#include**，將標頭檔的功能加入以便在程式中運用。

如上所述，C 語言的程式大多都是由多個檔案所構成，若是比較大的程式，甚至會由數十個或數百個標頭檔與原始碼來構成。

不僅是編碼（Coding）的技術，利用這些檔案能組成什麼樣程式內容的設計技術，都是程式設計師展現自身技術之處。如何在兼具程式功能與檔案大小下，想出適切的程式設計內容，這點並非易事。除了各種知識的學習外，或許還需要累積經驗才行。在本章的內容裡，一開始將會針對該如何運用程式的相關檔案來建構出一個程式，介紹各種基本的相關知識。

程式設計師與電腦～打造可以執行檔案之路

編寫程式檔案的同時，也來理解程式設計師與電腦之間的關係。C 語言就有如對電腦所下達的指令，然後如同先前在第二章開頭所述，對於在 0 與 1（2 進位）世界中運作的電腦而言，它無法理解 if 或 switch 這樣的話語。那麼該如何將程式設計師的命令傳達給電腦，並且讓程式得以執行呢？

為了解開這個謎團，首先來看看打造出可執行程式檔案的歷經過程。大致上程式的原始碼必須經由**編譯**和**連結**這兩項工程來成為可執行檔案。C 語言的原始程式在經過編譯後會被翻譯成電腦可以理解的「機器語言」，並且成為稱作是目的檔的檔案。而在連結的處理過程中會將目的檔的物件統合成一個檔案，同時做成可執行檔。

另外，在編譯的最初階段中，會執行由「#」為首的關鍵字其所指定的命令（透過 #include 來構成檔案的程序，也會在這個時候被執行），而這樣的命令被稱之為**巨集**（macro）。在本章後半的內容裡，將會針對巨集的活用方法和必須留心之處來做說明。

標頭檔

深入了解副檔名為「.h」的標頭檔其內容與使用方法。

標頭檔的內容

像 stdio.h，這種檔名為「.h」的檔案就叫做**標頭檔**。所謂的標頭檔，它是一個包含了函數原型宣告、結構體和常數定義等內容的文字檔，只要透過指示詞（include）將它編寫到原始程式檔當中，就能使用這些宣告或定義。

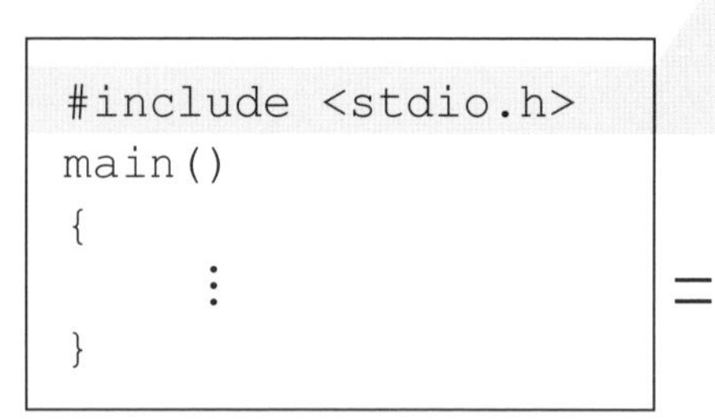

=

結果等同於在原始程式檔的開頭透過指示詞插入 stdio.h 的內容。

藉由指示詞加入標頭檔後，就能使用其中所包含的宣告或定義。

關於前置處理器指示詞的編寫格式，在因應 C 語言內建的標頭檔與自己建立的標頭檔時有不同的編寫方式。

格式 1

```
#include <檔案名稱>
```

透過指示詞套用標準函數的標頭檔

格式 2

```
#include "檔案名稱"
```

透過指示詞套用儲存在呼叫位置的自製標頭檔

關於 C 語言內建的標頭檔如下所示，它們是依照處理的類型區分為不同的檔案。想要在原始碼中呼叫 C 標準函示庫，那就必須透過指示詞引入適切的標頭檔。

標頭檔	處理的類型
stdio.h	輸入與輸出
string.h	處理字串
time.h	處理時間
math.h	處理數學

雖然查看標頭檔所在的位置就能觀看其中的內容，但不可以隨意變更。

建立標頭檔

想要建立屬於自己的標頭檔，那就必須在標頭檔中編寫自行定義的函數和結構體，還有巨集的宣告與定義，不過當中並不需要編寫指派運算子等具體的處理內容。當想要使用這些宣告或定義時，必須藉由指示詞將標頭檔引入成為前置處理器。

mysource.c

```
#include <stdio.h>
void myfunc(void);
main()
{
    ⋮
}
void myfunc()
{
    ⋮
}
```

分割

myheader.h

```
void myfunc(void);
```

mysource.c

```
#include <stdio.h>
#include "myheader.h"
main()
{
    ⋮
}
void myfunc()
{
    ⋮
}
```

參考

在標頭檔中也可以透過指示詞引用標頭檔。

編譯與連結

介紹讓 C 語言編寫的原始程式檔變成可執行檔的作業流程。

建立可執行檔的作業流程

程式的可執行檔是 C 語言的原始碼經由編譯和連結的作業過程建立而成。而編譯與連結的作業又被合稱為**建置**（build）或**建立**（make）。

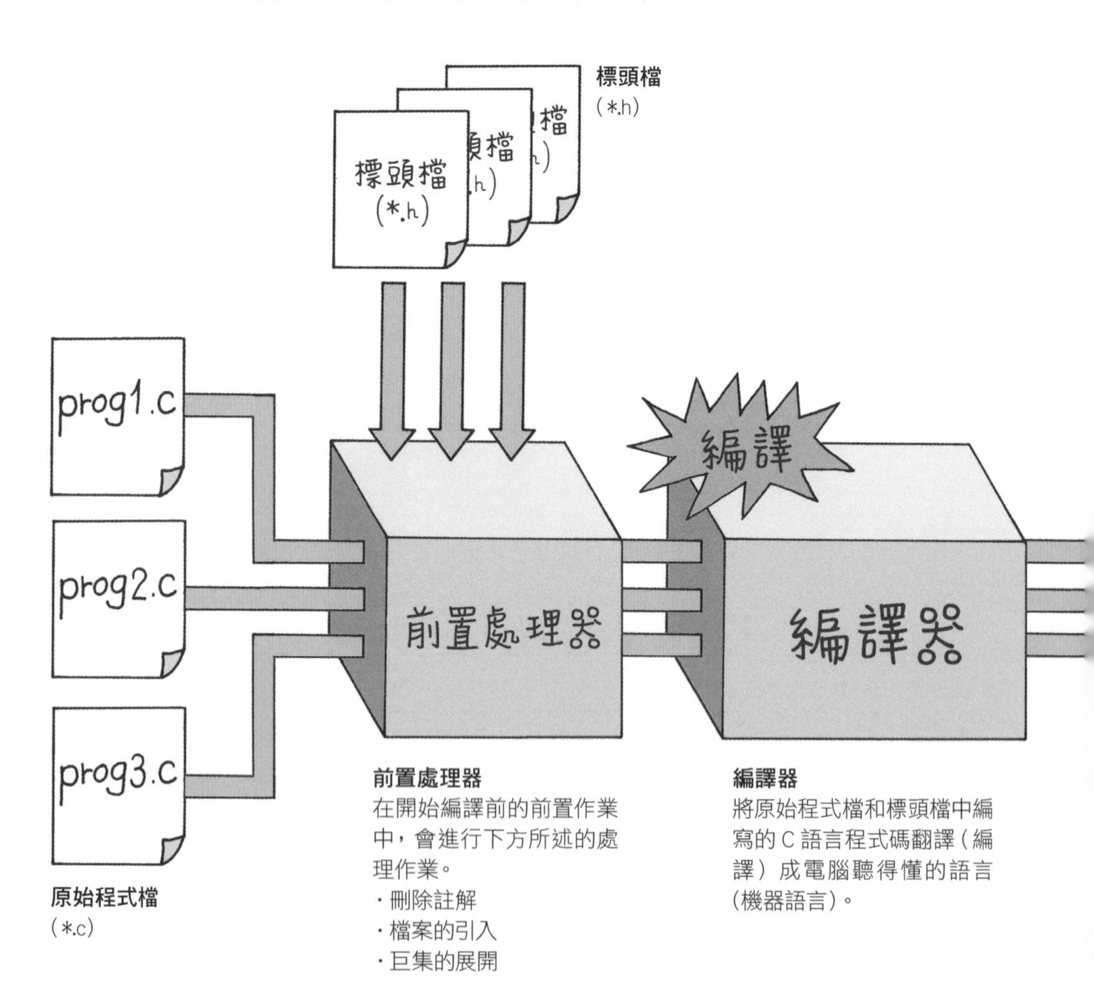

標頭檔
（*.h）

原始程式檔
（*.c）

前置處理器
在開始編譯前的前置作業中，會進行下方所述的處理作業。
・刪除註解
・檔案的引入
・巨集的展開

編譯器
將原始程式檔和標頭檔中編寫的 C 語言程式碼翻譯（編譯）成電腦聽得懂的語言（機器語言）。

雖然下列步驟可以一步一步執行，不過在當今的編譯器中，大多搭載了稱之為 **Make program** 的自動處理工具。Make program 會以名為 **makefile** 的文字檔為基礎，以最簡化的步驟自動建立可執行檔（在 Visual C++ 中會以專案（project）的形式來管理）。

基本的程式
運算子
迴圈控制
陣列與指標
函數
檔案的輸入與輸出
結構體
8 程式的結構
附錄

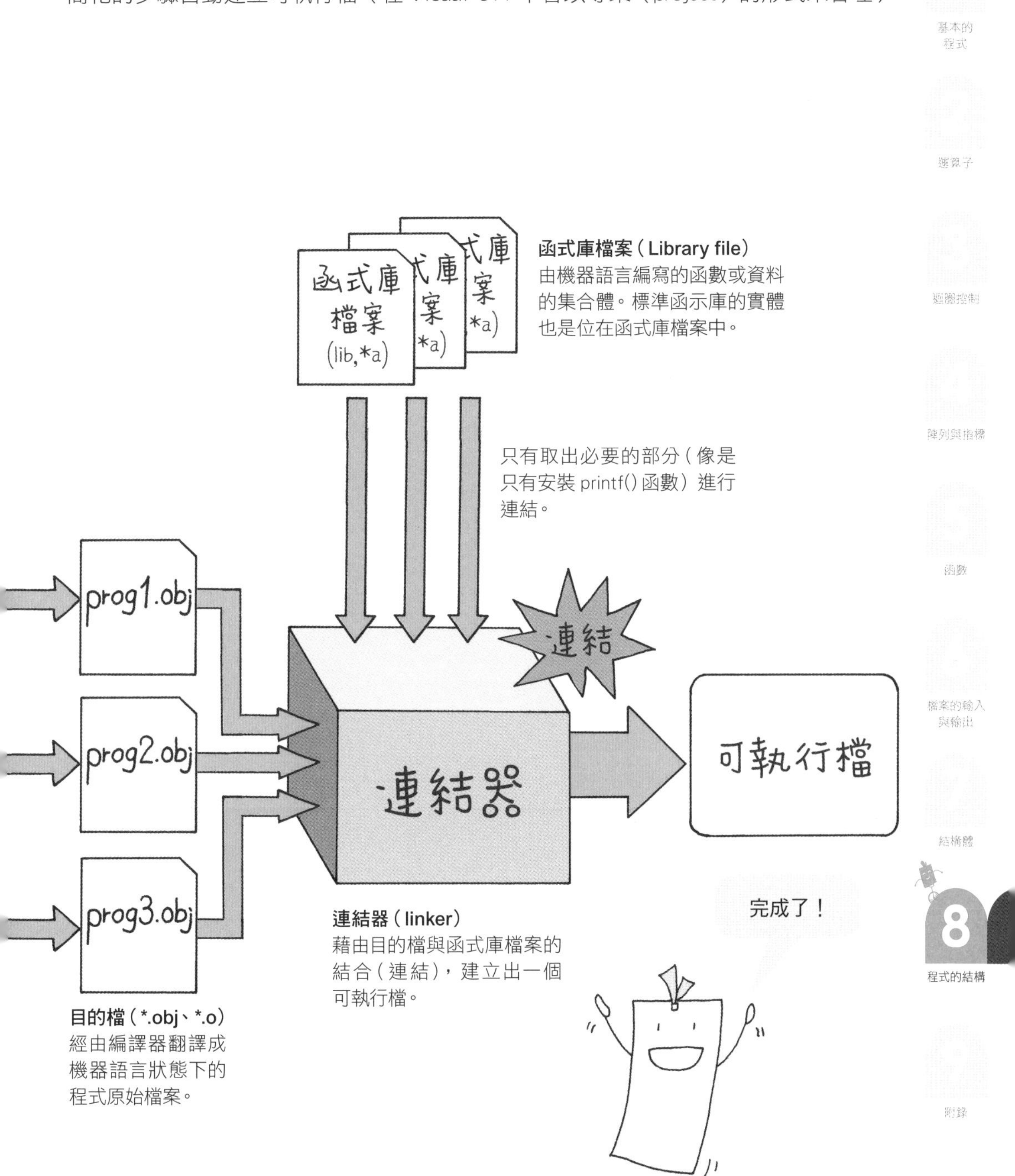

檔案的組成建構

在此要思考該如何安排原始程式檔（*.c）和標頭檔（*.h），以便之後組成希望建立的可執行檔。

原始程式檔的分割

考量到原始碼的管理和閱讀的方便性，在單一原始程式檔中編寫大量的程式碼並非是理想的方式。碰上這類情形時，不妨以各自在程式中負責的「功能」為基準來分割成不同的原始程式檔。

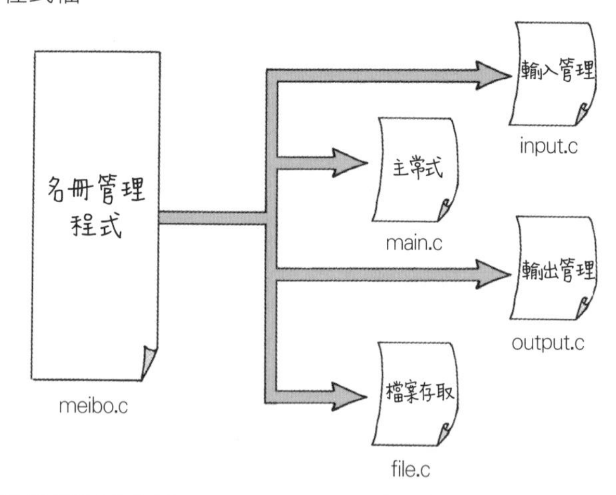

外部變數宣告

分割原始程式檔時，不同原始程式檔之間的搭配運作將會是個問題。對此情形，只要運用**外部變數**就能讓多個檔案參考共同的變數。無論是實際的變數宣告，或是外部變數的宣告，都是在函數外來編寫。

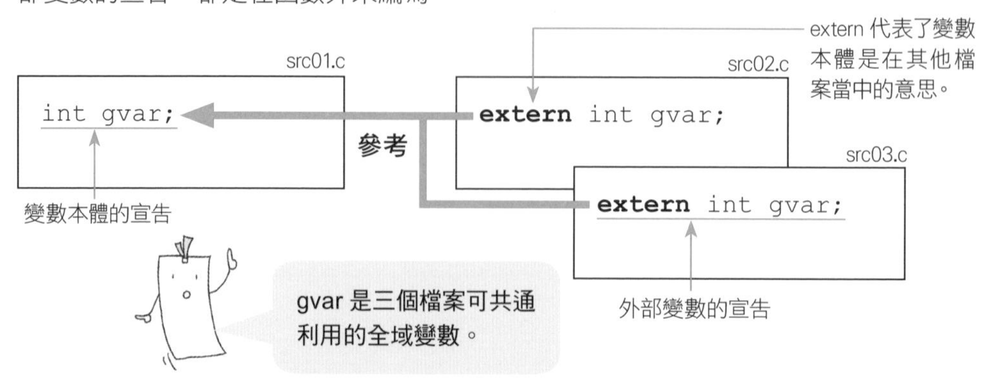

標頭檔的利用

藉由標頭檔的運用，可以讓專案的管理變得更有效率，不妨參考看看下方列舉的構成範例。

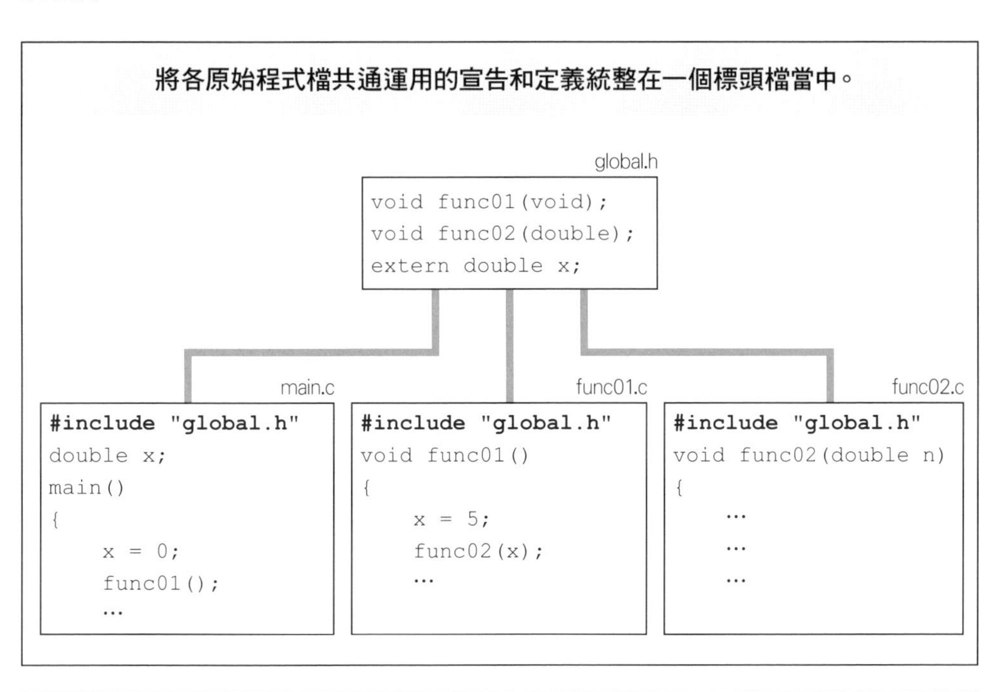

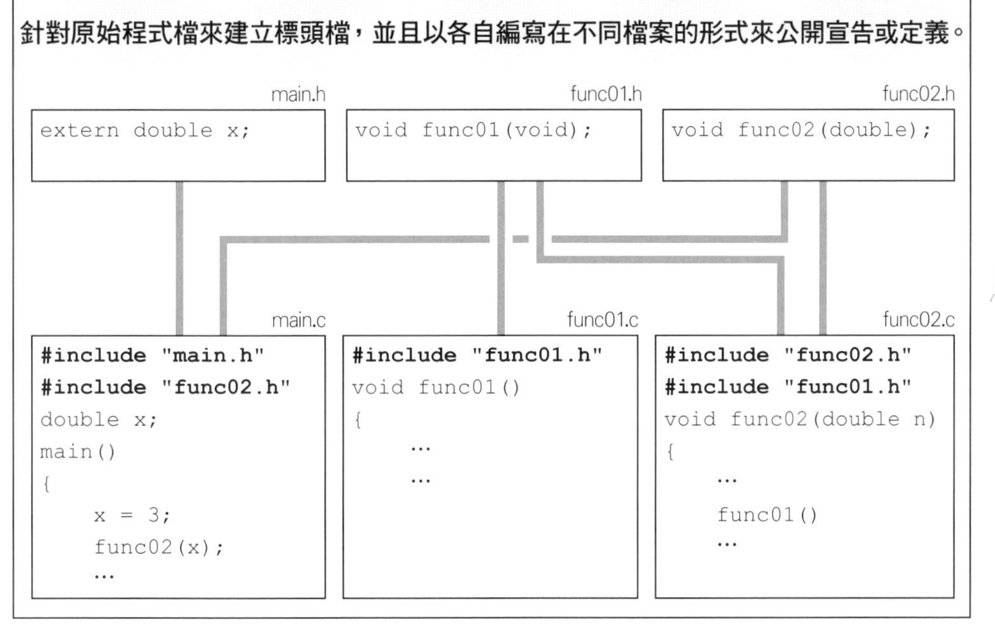

各種宣告

當變數進行 static 宣告後，就是限制來自外部的參考，或是變更變數的有效期限等。

進行 static 宣告後的全域變數

在加上 **static** 進行全域變數的宣告後，變數的有效範圍將會被限制在宣告的檔案當中，無法透過外部變數宣告其他檔案來參考（連結時會發生錯誤）。

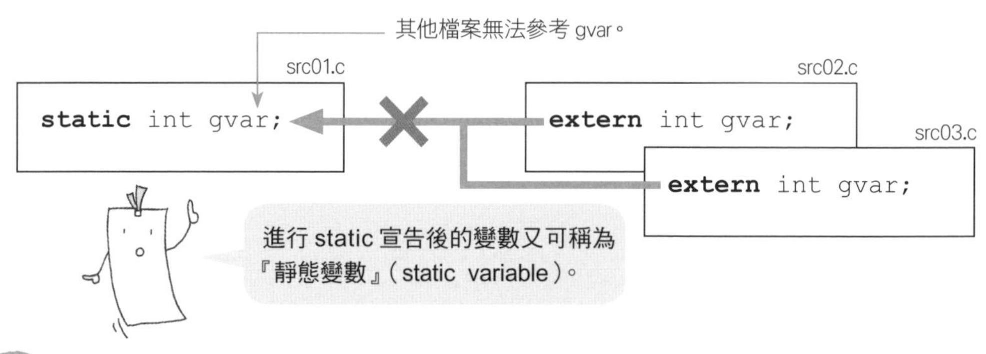

進行 static 宣告後的區域變數

一般情形下，區域變數會在函數的執行程序開始時自動生成，當函數的執行結束時自動消滅。不過若是透過 static 宣告的區域變數，則會在程式開始執行時自動生成，直到程式結束為止都會維持它的值而不會自動消滅。

static 宣告

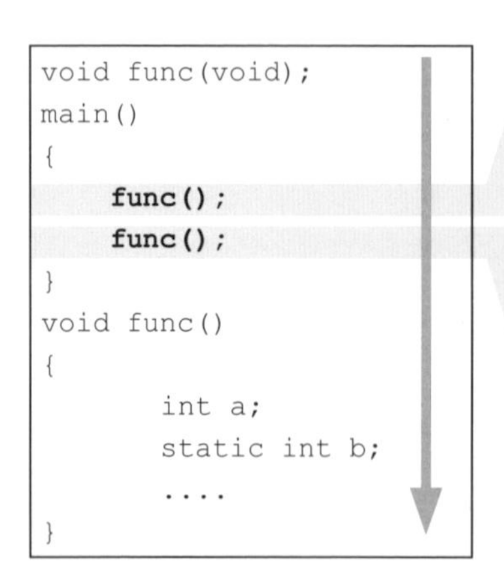

```
void func(void);
main()
{
        func();
        func();
}
void func()
{
            int a;
            static int b;
            ....
}
```

程式開始執行 b int 生成

呼叫 func() 函數 a int 生成

func() 函數結束 消滅

呼叫 func() 函數 a int 生成

func( ) 函數結束 消滅

程式結束 b 消滅

const 宣告

如下所示的變數，在進行 **const** 宣告後，變數的值將無法變更。換言之，經過 const 宣告的變數將會以常數之姿存在於函數。

```
const int x = 10;
```

宣告代表整數 10 的常數 x。

當函數的引數做了 const 宣告時，將會保證變數的值在函數中不會被變更。

標準函式庫 strcat 的原型宣告

```
char *strcat(char *str1, const char *str2);
```

範例

```
#include <stdio.h>

void increment(void);

main()
{
    int i;
    for(i = 0; i < 3; i++)
            increment();
}

void increment()
{
    int a = 0;
    static int b = 0;
    a++; b++;
    printf("a : %d, b : %d\n", a, b);
}
```

在首次被呼叫時會被初始化。

執行結果

```
a : 1, b : 1
a : 1, b : 2
a : 1, b : 3
```

只有進行 static 宣告的 b 會隨著函數的呼叫次數讓值增加。

巨集 (1)

藉由巨集（macro）的運用，可以指定各種與編譯相關的處理程序。

何謂「巨集」？

在 C 語言中，以 # 做為開頭的一行內容就稱之為**巨集**（macro）。巨集是一個能夠超越至今所學編寫方法框架的擴充功能，可在編譯之前由前置處理器執行處理程序。

在本章中說明過的 #include 也是巨集之一。

替換 #define

#define 是一個可替換字串的巨集。

以下方所示的方法編寫後，就會將程式中的 LOOPNUM 這個字串替換成 3。

以空白鍵來區隔

```
#define LOOPNUM 3
```

不需要加上分號（分號也會成為被替換的對象）。

被替換的一方為了方便與其他變數等做區別而採用大寫文字。

另外，若如下所示來編寫程式，只會表示「DEBUG_MODE 已被定義」這個事實。

```
#define DEBUG_MODE
```

範例

```
#include <stdio.h>

#define LOOPNUM 3

main()
{
    int i;
    for(i = 0; i < LOOPNUM; i++)
        printf("LoopCount:%d\n", i+1);
}
```

將在這行之後出現的 LOOPNUM 替換成 3。

替換成 3。

執行結果

```
LoopCount:1
LoopCount:2
LoopCount:3
```

因應條件執行的編譯指示 #if、#ifdef、#ifndef

有時會希望能因應條件抽取出必要的部分來進行編譯，在這種時候就可以用下方所列舉的格式來定義巨集。

```
#if 條件
    指定範圍
#endif
```

當條件為真時，指定範圍將會包含到編譯對象領域當中。

```
#ifdef 識別字
    指定範圍
#endif
```

在識別字**被定義**時，指定範圍將會包含到編譯對象領域當中。

```
#ifndef 識別字
    指定範圍
#endif
```

在識別字**沒有被定義**時，指定範圍將會包含到編譯對象領域當中。

近似於**條件運算式**（if），也能對多個條件進行判斷。

```
#ifdef 識別字
    指定範圍 A
#elif 條件 B
    指定範圍 B
#else
    指定範圍 C
#endif
```

識別字已被定義
→ 對指定範圍 A 進行編譯

條件 B 成立
→ 對指定範圍 B 進行編譯

全都不成立
→ 對指定範圍 C 進行編譯

只讓其中一個指定範圍被包含到編譯對象當中。

防止標頭檔的重複引用

當在各種檔案裡使用 #include 時，有時不免會發生讓相同的標頭檔引用 2 次以上的情形，這種重複宣告也會讓程式發生錯誤。對此只要在標頭檔加上如下所示的巨集，就能防止重複引用的問題發生。

myheader.h

```
#ifndef _MYHEADER_
#define _MYHEADER_
    void MyFunc();
    extern int x;
#endif
```

在最初的引用時定義 _MYHEADER_。

第 2 次之後會因為 _MYHEADER_ 已經被定義而無法再引用相同內容。

巨集 (2)

小心留意運算子的優先順序等注意事項，善加活用附帶參數的巨集。

附帶參數的巨集

在使用 #define 後，就能定義附帶參數而能有如函數般運作的巨集。在下方範例中，要定義求得 x-y 數值的巨集 HIKU。

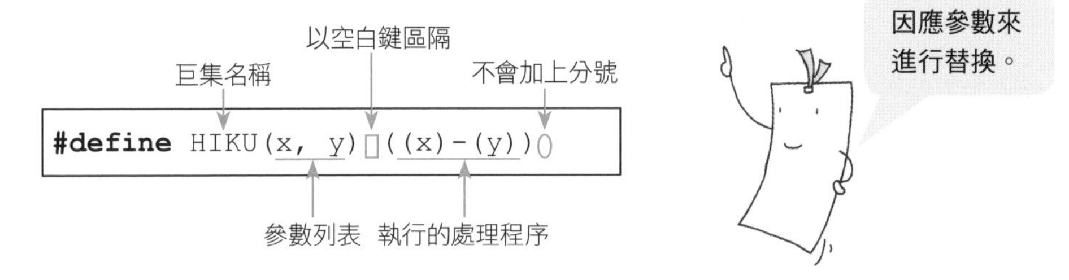

如同 8-12 頁所述，雖然 # 行的有效範圍只有 1 行，但只要使用 \ 符號就能以多行的形式來編寫內容。

```
#define keisan(a, b, c) ((a)*(b)*(c) \
    + a+b+c)
```

代表編寫內容延續到下一行。

會被視作 1 行。

範例

定義附上參數的巨集

```
#include <stdio.h>
#define HIKU(x, y) ((x)-(y))

main()
{
   printf("巨集的執行結果：%d\n", HIKU(5, 3));
}
```

將參數替換成指定的 5 與 3 數字組。

```
printf("巨集的執行結果：%d\n", ((5)-(3)));
```

執行結果

```
巨集的執行結果：2
```

使用附帶參數巨集時的注意事項

必須留意運算子的優先順序，同時整體處理程序和當中的參數都要用括號包起來。

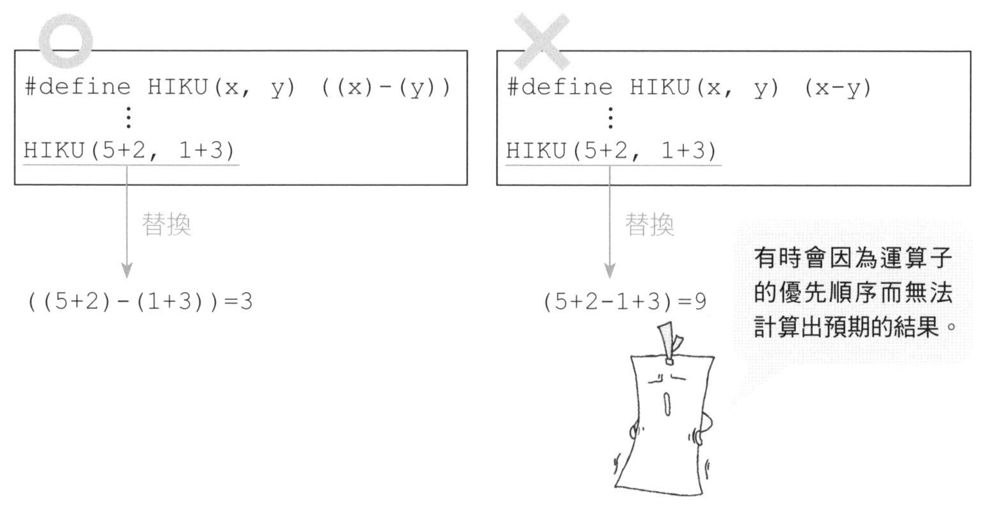

一旦巨集名稱與（ ）之間穿插了空格，將會無法正確區隔。

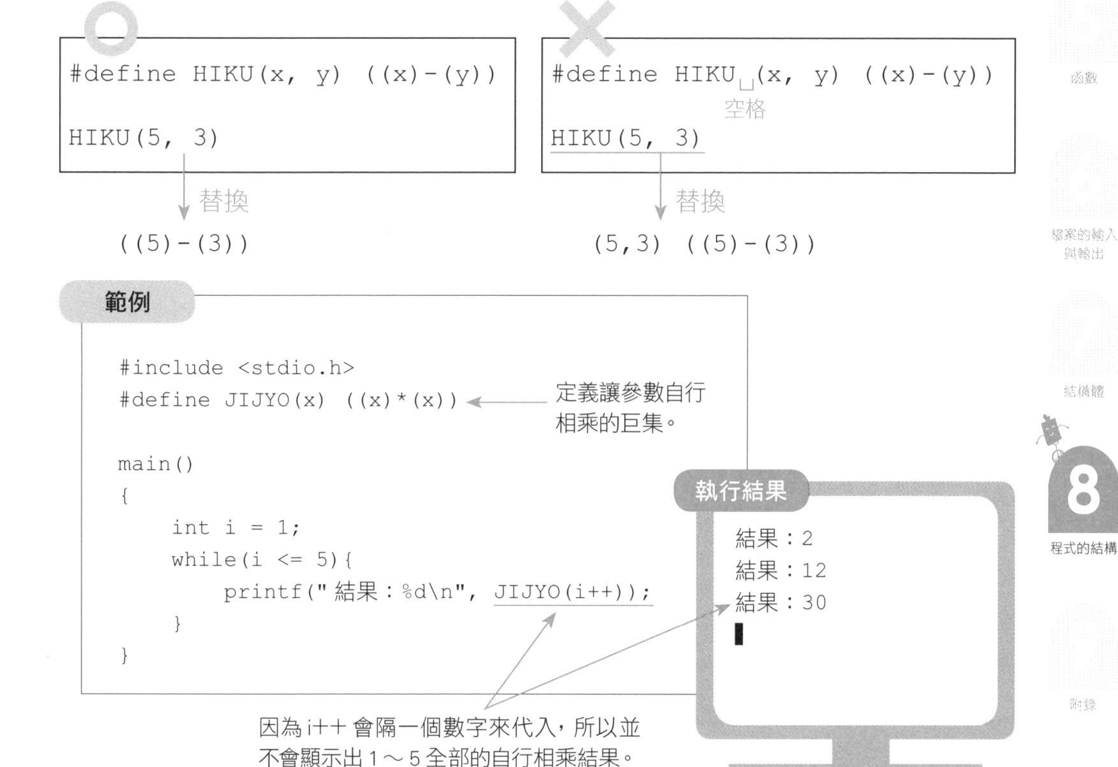

● 卡路里計算程式〈多個檔案版〉

將先前第 7 章介紹過的卡路里計算程式切割成三個檔案之後就會變成下方所示的樣子。只要帶入 callib.h，即使是 calorie.c 以外也能運用 callib.h 的定義與宣告，還有 callib.c 的處理程序。

原始碼： calorie.c

```
#include <stdio.h>
#include "callib.h"       ← 帶入自訂標頭檔

int main()
{
    CALORIE cal[500] = {
        {"米飯", 150.0},
        {"中華麵", 57.1},
        {"蕎麥麵", 133.3},
        {"烏龍麵", 100.0},
        {"細麵", 133.3},
        {"吐司", 250.0}
    };
    int cal_num = 6;
    int mode = 0;

    printf("卡路里計算工具\n");
    while(1) {
        printf("登錄食品請按 1、計算請按 2、結束程式請按 0: ");
        scanf("%d", &mode);
        if(mode == 0)
            break;
        else if(mode == 1)
            cal_num = calregist(cal, cal_num);
        else if(mode == 2)
            printf(合計卡路里:%6.2fkcal\n\n", calcalc(cal, cal_num));
    }
    return 0;
}
```

在其他檔案中也能運用這裡所定義的宣告和函數

原始碼： callib.h

```
#ifndef _CALLIB_H_
#define _CALLIB_H_

typedef struct _CALORIE {
        char name[40];
        float value;
} CALORIE;

int calregist(CALORIE *, int);
float calcalc(CALORIE *, int);

#endif
```

避免重複帶入而編寫的巨集

原始碼：callib.c

```
#include <stdio.h>
#include <string.h>
#include "callib.h"  ← 引用自訂標頭檔

/********************************************
  calregist() 登錄至卡路里清單
  [ 參數 ] pcal -- 指向卡路里清單的指標
           num -- 登錄前的清單元素數
  [ 回傳值 ] 登錄後的清單元素數
********************************************/
int calregist(CALORIE *pcal, int num)
{
        printf(" 請輸入食品名稱 : ");
        scanf("%s", (pcal+num)->name);
        printf(" 請輸入該項食品的卡路里 [kcal/100g] : ");
        scanf("%f", &((pcal+num)->value));
        printf(" 完成登錄作業。\n\n");
        return num+1;
}

/********************************************
  calcalc() 計算卡路里
  [ 參數 ] pcal -- 指向卡路里清單的指標
           num -- 清單元素數
  [ 回傳值 ] 卡路里數
********************************************/
float calcalc(CALORIE *pcal, int num)
{
        char name[40];          /* 輸入的食品名稱 */
        float gram;             /* 輸入的公克數 */
        float totalcal = 0.0; /* 合計卡路里 */
        int i;

        printf("-- 食品名稱一覽 ---------------\n");
        for(i = 0; i < num; i++)
                printf("%s\t", (pcal+i)->name);
        printf("\n---------------------------\n");

        while(1) {
                printf(" 食品名稱 ( 輸入 end 來結算 ) : ");
                scanf("%s", name);
                if(strcmp(name, "end") == 0)
                        break;
                printf(" 公克 : ");
                scanf("%f", &gram);
                for(i = 0; i < num; i++) {
                        if(strcmp(name, (pcal+i)->name) == 0) {
                                totalcal += (pcal+i)->value * gram / 100.0;
                                break;
                        }
                }
        }
        return totalcal;
}
```

COLUMN

～程式的最佳化～

將程式調整到能夠發揮出性能最大極限的狀態，這就叫做**最佳化**。舉例而言，若是執行大量計算的程式，想當然必須盡可能縮短每一次運算的花費時間。再來，倘若程式是在記憶體不高的環境下運作，相對也就需要盡量減少執行檔案的大小。

最簡單的最佳化方法，就是設定**編譯器選項**（compiler option）。在編譯器選項中，可以因應程式的目的和作業環境來指定最佳的編譯方法。以 Microsoft 的 C 編譯器為例，就準備了如下所示的編譯器選項。

選項	功能
/GL	進行模組之間的最佳化調整
/Ot	以處理的高速化為最優先來進行編譯
/Os	以執行檔案的最小化為最優先來進行編譯
···	···

除了編譯器外，程式設計者本身也必須留意最佳化的問題，自行為原始碼進行調校，這點同樣至關重要。就以本章中學到的附帶參數巨集和函數為例，它們各自就有如下所述的特徵。

附帶參數巨集
- 因為將處理方式放進原始碼中，執行速度會加快
- 一旦使用頻率過高，將會讓原始碼變得很大

函數
- 伴隨著呼叫與跳轉的次數增加，執行速度會變慢
- 因為參考一處，原始碼比較小

如上所述，在一般情形下，當處理程序比較簡單而呼叫次數較少時，使用附帶參數的巨集會比較理想。另一方面，當處理內容很複雜或呼叫次數較多時，則以函數的形式來編寫將是更好的選擇。其他方面，像是選擇盡可能不會佔用記憶體的變數型態、檢視思考更簡潔的演算內容（程式結構）和資料結構等，各項細節都能有助於最佳化的實現。

近年來處理器的速度越來越快，記憶體和硬碟的容量也有飛躍性的提升，實際上對於最佳化的要求已不像過去那樣嚴苛。然而等到有一天想要撰寫實用程式時，想必會深切感受到最佳化問題的重要性。首先就從撰寫原始碼時盡量精簡內容開始，研究各種讓程式最佳化的技巧並養成習慣，日後編寫的程式才會越來越實用，技術與實力也能更上一層樓。

9

附錄

聯集

聯集（Union）是一種將不同資料型態儲存在同一個記憶體空間的特殊資料型態，在此來認識它的概念。

「聯集」的概念

使用聯集時，可從儲存在同一個記憶體空間的不同資料型態變數當中選擇一個來使用。聯集的宣告和參考的編寫格式與結構體大致相同。另外，它也有「聯合」、「共用體」等中文譯名。

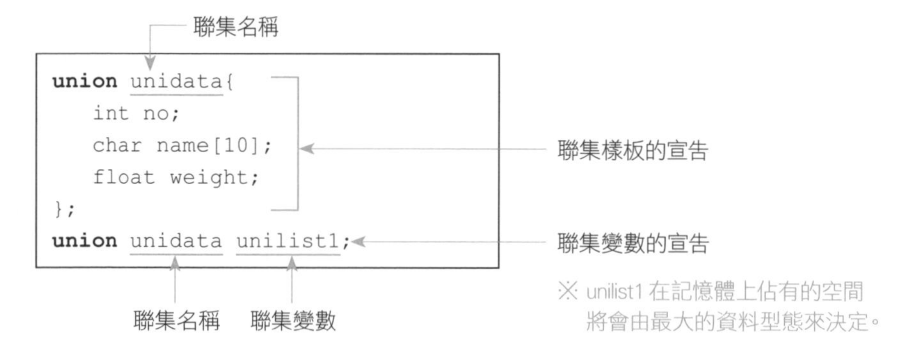

聯集的使用方法

與結構體相同，透過「.（句號）」來銜接聯集變數名稱與元素名稱後以此進行參考。

```
unilist1.no = 1;
printf("%d\n", unilist1.no);
strcpy(unilist1.name,"nagashima");
printf("%s\n", unilist1.name);
unilist1.weight = 59.3;
printf("%f\n", unilist1.weight);
```

no 的指派與參考

name 的指派與參考

weight 的指派與參考

若想活用元素的值，請務必要參考「最後代入的元素」。因為是共用相同的記憶體空間，若照編寫內容的順序來參考，並沒有辦法確保得到正確的值。

範例

```
#include <stdio.h>
union _user{
   int userid; /* 使用者 ID*/
   char name[10]; /* 姓名 */
} user;

main()
{
   int flag = 0;
   printf(" 輸入項目為？ (0=ID 1= 姓名） ");
   scanf("%d", &flag);
   if(flag) {
      printf("name? ");
      scanf("%s", user.name);
      printf(" 姓名是 %s 嗎？ \n", user.name);
   } else {
      printf("ID? ");
      scanf("%d", &(user.userid));
      printf("ID 是 %d 嗎？ \n", user.userid);
   }
}
```

執行結果

輸入項目為？（0=ID 1= 姓名）**0** ↵
ID? **456** ↵
ID 是 456 嗎？。

※ 粗體字是透過鍵盤輸入的文字

列舉

在此將介紹為整數值賦予特定名稱的「**列舉**」(enumeration)。透過列舉的運用可以讓枯燥無味的程式看起來更簡潔清晰。

「列舉」的概念與宣告

使用列舉後就能為 int 型別的整數值加上名稱。列舉的宣告是從 **enum** 這樣的編寫內容開始。

在下方範例當中，month 會從 January ～ December 中來取得值。

列舉名稱

```
enum _month{
  January,
  February,
  March,
    :
  November,
  December
} month;
```

列舉常數

列舉變數名稱

每個列舉常數值是從 0 開始依序遞增 1 的整數值。

```
January     ・・・ 0
February    ・・・ 1
March       ・・・ 2
      :
November    ・・・10
December    ・・・11
```

```
enum _week{
  Sunday = 10,
  Monday,
  Tuesday = 15,
  Wednesday
:
  Saturday,
} week;
```

在賦予任意的整數值後，
會從該數值開始依序遞增 1。

```
Sunday      ・・・10
Monday      ・・・11
Tuesday     ・・・15
Wednesday   ・・・16
      :
Saturday    ・・・19
```

列舉的活用技巧

列舉變數可以用列舉成員名稱來進行指派或參考。

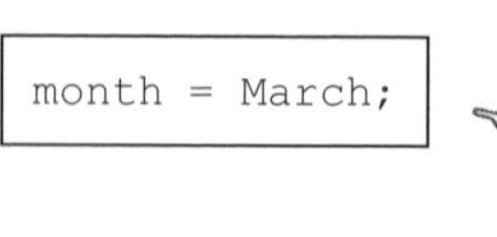

```
month = March;
```

可以指派任意的值。

終止執行程式

像是發生錯誤等，若希望在有狀況發生時，讓執行的程式終止時，就可以使用 exit() 函數。

何謂終止執行程式？

所謂 exit() 函數，它可以在任何時候讓程式正常結束執行程序。而在執行 exit() 函數後，程式會在當下關閉所有開啟的檔案，並且釋放所有佔用的記憶體。

若要使用 exit() 函數必須引入標頭檔 stdlib.h，編寫方法如下所述。

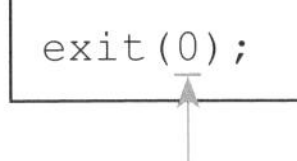

```
exit(0);
```

終止碼
指定在程式終止時傳送到系統的回傳值。
一般情形下會以下方所示的內容來設定。
正常終止…EXIT_SUCCESS 或 0
異常終止…EXIT_FAILURE 或 0 以外的值

exit() 函數可以在任何地方隨時編寫。如下所示，面對程式在一切正常運作下終止的情形，還有因為發生錯誤而中途終止程式的情形，只要藉由引數的改變來呼叫 exit() 函數，就能讓系統端得知程式的運作狀況。

```
if((fp = fopen(file1.txt,"r")) ==NULL) {
   printf(" 檔案不存在。\n");
   exit(EXIT_FAILURE);
};
          :
exit(EXIT_SUCCESS);
```

當名為 file1.txt 的檔案不存在時，就會終止程式的執行。

位元與位元組的相關運算子

在此介紹關於「**位元運算子**」(bitwise operator)的基本知識。

位元運算子

像是以位元為單位來比較或控制電腦內的資訊時，就會使用到下列的**位元運算子**。

&・・・AND

比較各位元，當雙方皆為 1 時就會回傳 1，若為「否」則會回傳 0 的運算子。

範例：a = 170、b = 245 時

變數名稱	10 進位	2 進位							
		b8	b7	b6	b5	b4	b3	b2	b1
a	170	1	0	1	0	1	0	1	0
b	245	1	1	1	1	0	1	0	1
a & b	160	1	0	1	0	0	0	0	0

比較

雙方皆為 1 就回傳 1

¦・・・OR

比較各位元，只要有其中一方為 1 時就會回傳 1，若為「否」則會回傳 0 的運算子。

範例：a = 170、b = 245 時

變數名稱	10 進位	2 進位							
		b8	b7	b6	b5	b4	b3	b2	b1
a	170	1	0	1	0	1	0	1	0
b	245	1	1	1	1	0	1	0	1
a ¦ b	255	1	1	1	1	1	1	1	1

比較

有一方為 1 就回傳 1

^・・・XOR

比較各位元，當其中一方為 1 且一方為 0 時就會回傳 1，若為「否」則會回傳 0 的運算子。

範例：a = 170、b = 245 時

變數名稱	10 進位	2 進位							
		b8	b7	b6	b5	b4	b3	b2	b1
a	170	1	0	1	0	1	0	1	0
b	245	1	1	1	1	0	1	0	1
a ^ b	95	0	1	0	1	1	1	1	1

比較

值相異時回傳 1

~・・・1 的補數（NOT）

讓各位元的值反轉後回傳的運算子。

範例：a = 170 時

變數名稱	10 進位	2 進位							
		b8	b7	b6	b5	b4	b3	b2	b1
a	170	1	0	1	0	1	0	1	0
~a	85	0	1	0	1	0	1	0	1

反轉

下方為上述各運算子功能的統整一覽表。

位元 \ 運算	A 1 / B 1	A 1 / B 0	A 0 / B 1	A 0 / B 0
A & B	1	0	0	0
A ¦ B	1	1	1	0
A ^ B	0	1	1	0
~A	0	0	1	1

位移運算子

可以讓位元朝左右移動指定位元數的運算子就稱之為**位移運算子**，當中再細分為下列 2 種。

右移運算子　>>

範例：a >> 2 … 朝右邊移動 2 個位元

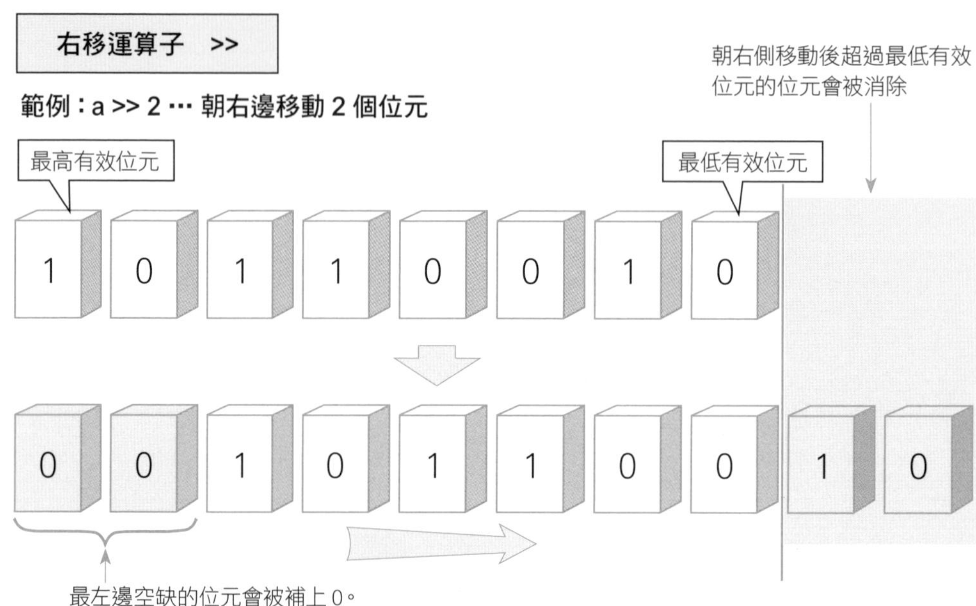

（若是在有符號位元的變數指派負數，將會補上 1，正數則會補上 0）

左移運算子　<<

範例：a << 2 …朝左邊移動 2 個位元

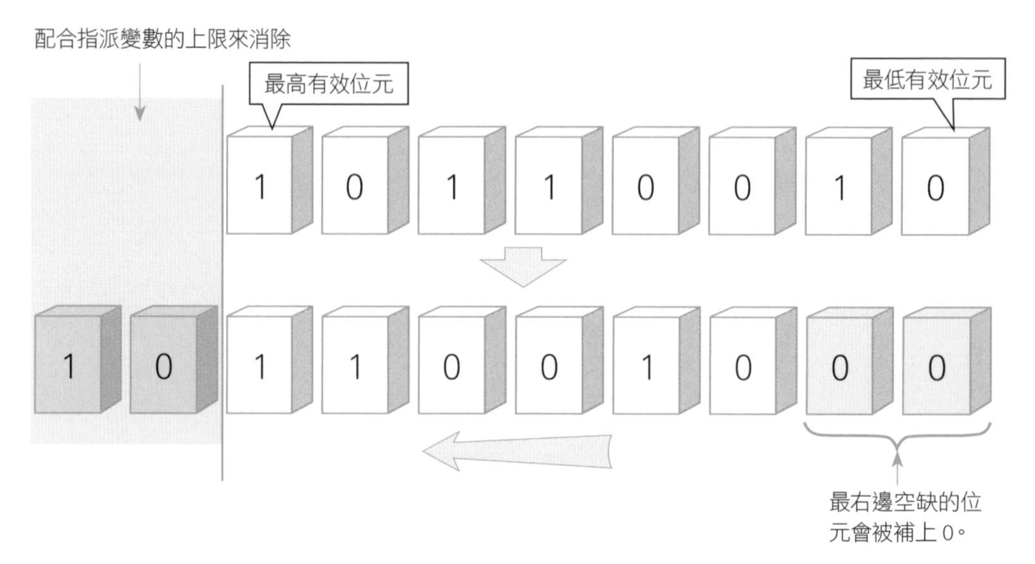

範例

```
#include <stdio.h>

main()
{
    char a = 10;   ←  00001010
    char b = 9;    ←  00001001
    char c = 1;    ←  位移量
    printf("%d & %d = %d\n", a, b, a & b);
    printf("%d | %d = %d\n", a, b, a | b);
    printf("%d ^ %d = %d\n", a, b, a ^ b);
    printf("%d << %d = %d\n", a, c, a << c);
    printf("%d >> %d = %d\n", a, c, a >> c);
    printf("~%d = %d\n", a, ~a);
}
```

執行結果

```
10 & 9 = 8      ← 00001000
10 | 9 = 11     ← 00001011
10 ^ 9 = 3      ← 00000011
10 << 1 = 20    ← 00010100
10 >> 1 = 5     ← 00000101
~10 = -11       ← 11110101
```

在 char 等有符號位元的整數型別內部，最高有效位元會被當成符號位元來使用。

0 代表正號（+），剩下的位元則代表數值。

1 代表負號（-），剩下的位元減 1 並且進行位元反轉後，就會成為絕對值。

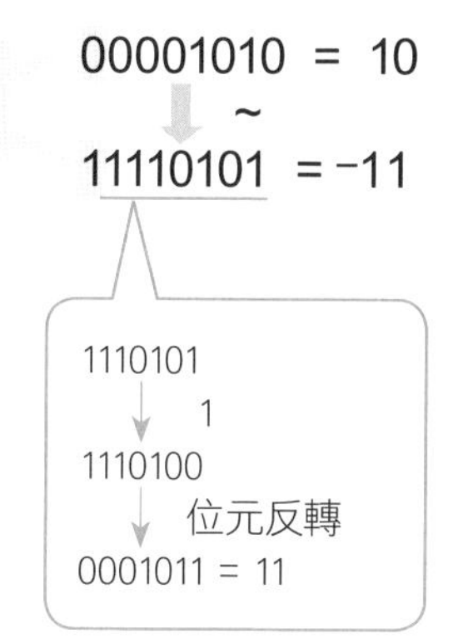

時間相關的函數

可以透過函數得到「○年 × 月△日 ※ 星期、○時 × 分△秒」這樣的正確時間資訊。

獲得現在時刻資訊

想要獲得現在時刻的資訊可透過 time() 函數，而在使用關係到時間的函數與定義時，必須要在標頭檔引入 time.h。

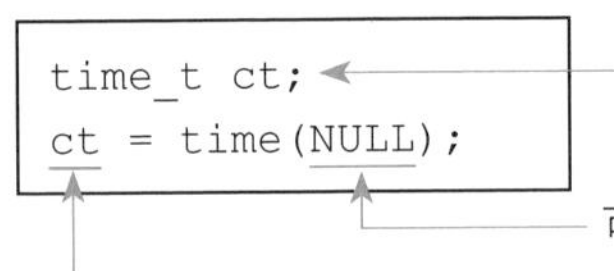

```
time_t ct;
ct = time(NULL);
```


※time_t 型別會在 time.h 當中被定義。

透過 time( ) 函數獲得的值為秒數，而且沒有將時差考量進去，所以很難直接拿來用，因此要再透過 localtime( ) 函數來轉換。

```
struct tm *now;
now = localtime(&ct);
```

針對納入 time( ) 函數獲得值的變數來指定它的位址。

透過 localtime() 函數獲得現在時刻的資訊後，會將這個資訊傳送到在 time.h 當中已準備好的 tm 結構體變數中，localtime() 函數中只會回傳它的指標。

tm 結構體的成員如下表所示。

成員名稱	內容
tm_sec	秒（0 ～ 59）
tm_min	分（0 ～ 59）
tm_hour	時（0 ～ 23）
tm_mday	日（1 ～ 31）
tm_mon	月（0 ～ 11、1 月為 0）
tm_year	現在西元年減去 1900 之後的值
tm_wday	星期（0 ～ 6、星期日為 0）
tm_yday	從年初開始計算的日數（0 ～ 365、1 月 1 日為 0）
tm_isdst	實行日光節約時間時為 0 以外的正數，不實行日光節約時間時為 0，不清楚是否有實行日光節約時間則為負數。關於 C 執行時期函數庫（C runtime library）當中 DST(Daylight Saving Time) 的計算是依照美國法律規定為基準

其他時間相關的函數

在此介紹與時間相關的主要函數。

成員名稱	內容	使用方法
localtime( )	time_t 型別變數→ tm 結構體	time_t t; struct tm *ptmtime = localtime(&t);
gmtime( )	time_t 型別變數→ tm 結構體（不考慮時差）	time_t t; struct tm *ptmtime = gmtime(&t);
mktime( )	tm 結構體→ time_t	struct tm tmtime; time_t t = mktime(&tmtime);
asctime( )	tm 結構體→字串 ※	struct tm tmtime; char *s = asctime(&tmtime);
ctime( )	time_t 型別變數→字串 ※	time_t t; char *s = ctime(&t);

※ 在 asctime( )、ctime( ) 下會以固定格式來顯示得到的字串

範例

```
#include <stdio.h>
#include <time.h>

main()
{
   time_t ct;
   struct tm *now;
   ct = time(NULL);
   now = localtime(&ct);

   printf("%d 年 %d 月 %d 日 %2d:%2d:%2d\n",
      (now->tm_year)+1900,
      (now->tm_mon)+1, now->tm_mday,
      now->tm_hour, now->tm_min, now->tm_sec);
   printf("%s", ctime(&ct));
}
```

執行結果

```
2016 年 11 月 22 日 18:28:01
Tue Nov 22 18:28:01 2016
```

畫面上會顯示執行時的時間。

數學函數

基礎算數等級的計算只需運用第 2 章所學的運算子就足以應對，但像是平方根等數學等級的計算，那就要使用 math.h 定義下的數學用函數。

執行數學處理作業的函數

這裡介紹與數學相關的主要函數。使用以下的函數時必須在標頭檔引入 math.h。

函數名稱	功能	使用方法	意義（m 為 int 型別、x,y 為 double 型別）
abs( )	絕對值（整數）	int n = abs(m);	$n = \|m\|$
fabs( )	絕對值（浮點數）	double a = fabs(x);	$a = \|x\|$
sqrt( )	平方根	double a = sqrt(x);	$a = \sqrt{x}$
exp( )	指數	double a = exp(x);	$a = e^x$
log( )	自然對數	double a = log(x)	$a = \log x$
pow( )	乘冪（次方）	double a = pow(x,y);	$a = x^y$
log10( )	對數	double a = log10(x);	$a = \log_{10}x$
sin( )	正弦	double a = sin(x);	$a = \sin x$
cos( )	餘弦	double a = cos(x);	$a = \cos x$
tan( )	正切	double a = tan(x);	$a = \tan x$

在 C 語言的 sin()、cos()、tan() 三角函數中是指定弧度量來計算，而非平常所熟悉的度度量。

以 20° 為例，必須透過下方所示的方法求得弧度量。

```
20.0*3.14/180.0
```

$$弧度量 = \frac{角度[^\circ]\times \pi}{180}$$

3.14159… 只要像這樣用更精確的數值來編寫就能算出更正確的數值。

亂數的運用

所謂**亂數**是指沒有規則性的數字。要透過程式來取得亂數時可使用 **rand()** 函數與 **srand()** 函數，而在使用這些函數時則要在標頭檔引入 stdlib.h。

透過程式來取得亂數的方法如下所示。

```
int n;
srand(time(NULL));
n = rand();
```

指定以 srand() 函數生成時亂數做為基準的數字（種子）。

rand() 函數會依據種子的值來生成 int 型別的亂數(0 ～ RAND_MAX 的值，RAND_MAX 會在 stdlib.h 中被定義)。

種子的值一旦固定，每次執行程式都會產生相同的亂數，因此一般都會用現在的時刻。

範例

```
#include <stdio.h>
#include <math.h>
#define PI 3.14159

main()
{
    int kakudo = 30;
    double a,b,c;
    a = sin(kakudo*PI/180);
    b = cos(kakudo*PI/180);
    c = tan(kakudo*PI/180);
    printf("角度 %d 度 \nsin %f\ncos %f\ntan %f\n",
            kakudo,a,b,c);
}
```

必須引入 math.h 。

以 PI 這個名稱定義圓周率。

執行結果

```
角度 30 度
sin 0.500000
cos 0.866026
tan 0.577350
```

搜尋與排序

在 C 語言當中，備有能夠為陣列進行排序與高速搜尋資料的函數。

改變資料排列順序的方法

想要改變陣列當中的數值或字串的排列順序可以使用 **qsort()** 函數。若要使用 qsort() 函數時，必須在標頭檔引入 <stdlib.h>。

qsort() 函數可用下列的方式編寫。

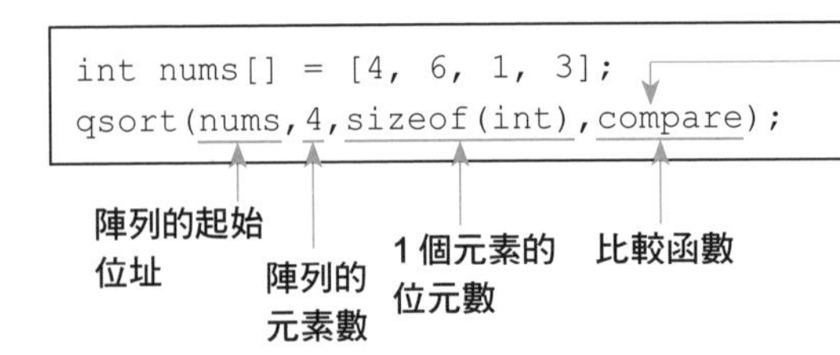

函數的名稱本身就是指向該函數的指標。這裡是將 compare( ) 這個函數的指標指定到參數。

比較函數是固定進行一次比較處理程序的函數（函數名稱非 compare 也無妨）。在 a、b 當中會代入要進行比較的各個元素。

```
int compare(const void *a, const void *b)
{
    *a > *b 時 … 回傳正數值
    *b > *a 時 … 回傳負數值
    *a = *b 時 … 回傳 0
}
```

※ 這裡為升冪的範例，降冪時回傳值的符號會顛倒。

搜尋資料

想要從陣列（必需要經過排序）當中搜尋指定的資料時可使用 **bsearch()** 函數。若是找到目標資料就會回傳指向該陣列元素的指標，而若沒有找到則會回傳 NULL 值。當使用 bsearch() 函數時，必須在標頭檔引入 <stdlib.h>。

```
const int a = 1;
bsearch(&a,  nums,  4,  sizeof(int), compare);
```

搜尋的資料　陣列的起始位址　陣列的元素數　1 元素份量的位元數　比較函數

範例

```
#include <stdio.h>
#include <stdlib.h>

int compare(const void *a, const void *b)
{
   int x = *((int *)a);
   int y = *((int *)b);
   if(x > y)
      return 1;
   else if(x < y)
      return -1;
   else
      return 0;
}

main()
{
   int nums[10] = {4, 8, 3, 7, 5, 2, 9, 1, 6, 10};
   int a = 7, i;
   int *p;

   qsort(nums, 10, sizeof(int), compare);
   for (i=0; i<10; i++)
      printf("%d ", nums[i]);

   printf("\n 搜尋 %d\n", a);
   p = (int *) bsearch(&a, nums, 10, sizeof(int), compare);
   if(p == NULL)
      printf(" 沒有搜尋到 %d\n",a);
   else
      printf("%d 位在陣列的 nums[%d]\n",a, p-nums);
}
```

讓 void 型別的指標轉換成 int 型別的指標，求得位在該處的值。

定義進行升冪排列所需的比較函數。

進行升冪排列。

對升冪排列下的資料進行搜尋作業。

執行結果

```
1 2 3 4 5 6 7 8 9 10
搜尋 7
7 位在陣列的 nums[6]
```

因為搜尋到 7，所以會執行 else 以下的處理程序。

C 的開發環境

想要學習程式設計，實際動手嘗試是最佳的方法，這裡便為讀者們提供能為程式設計帶來幫助的相關資訊。

C 編譯器的種類

在透過 C 語言編寫出程式並且進行編譯時，需要使用 C 編譯器。近年來市面上不僅有形形色色的編譯器，更有結合程式設計必要開發工具的各項產品（開發環境），在此就來介紹幾個代表性的產品。

≫ Microsoft Visual Studio

在 Windows 上作業的 Microsoft 旗下開發工具，可以開發與 Windows 產品相關的各種類型應用程式，事實上這也是在 Windows 上最標準的開發環境。另外，Visual Studio 是多項開發工具的總稱，其中專為開發 C 語言程式所設計的產品名為 Visual C++。

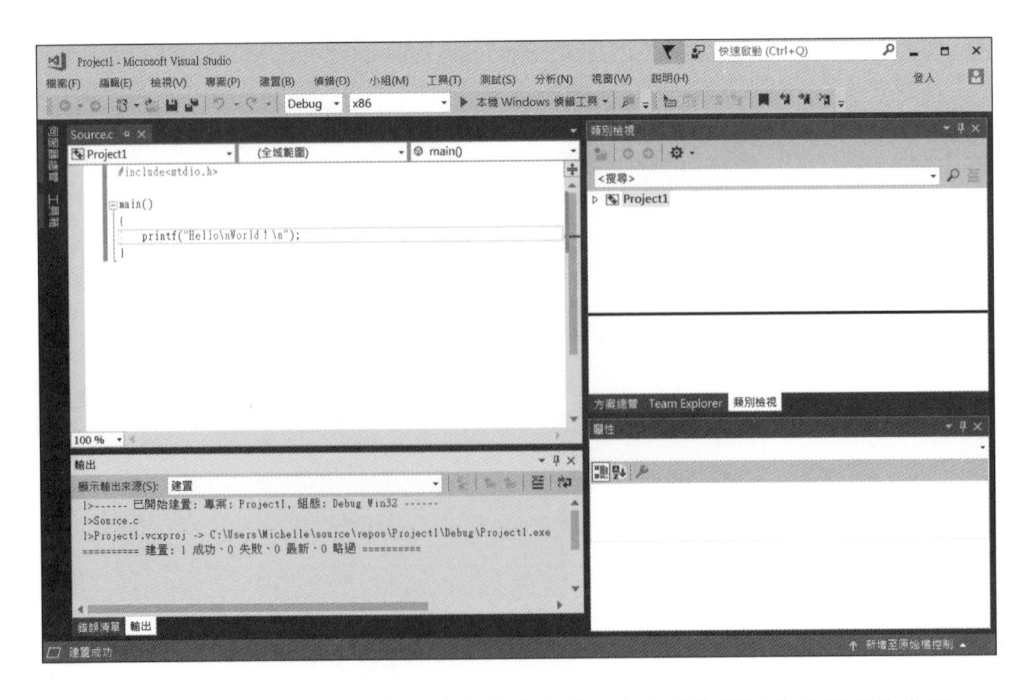

關於 Visual Studio 的版本、安裝方法和開發方式，在之後的頁面會有詳細的介紹。

» gcc

由開發許多免費軟體的 GNU Project 所提供的 C 編譯器。雖然在 Linux 等 UNIX 作業系統上已經備有 C 編譯器，不過目前的主流是 gcc。另外，只要使用 cygwin（https://www.cygwin.com/）這個免費軟體，就能在 Windows 作業環境下執行 UNIX 程式，讓程式設計者可使用 Linux 指令與程式。

在讓名為 source.c 的原始碼檔案透過 gcc 進行編譯並建立可執行檔時，要在命令列中輸入如下所示的內容。

```
gcc -o hello source.c
```

透過 -o 參數指定的內容是輸出的可執行檔名稱。這次的範例中，是在相同目錄下建立名為 hello（cygwin 下為 hello.exe）的可執行檔（倘若沒有搭配 -o 參數來指定，會變成 a.out 這個名稱）。

若想執行這個檔案就輸入「./hello」。另外，若要為多個檔案進行編譯和連結作業時，記得先準備 makefile 這個文字檔。

```
@WIN-V1AU36QP14I ~
$ gcc -o hello source.c

@WIN-V1AU36QP14I ~
$ ./hello
Hello
World!

@WIN-V1AU36QP14I ~
$ |
```

» Eclipse

Eclipse 可在 Linux、Mac OS、Windows 等作業系統上使用，是一款開放原始碼（open source）的整合開發環境，能支援 Java 與 C 語言的開發。Eclipse 本身為英文軟體，但安裝後可再透過網路資源來繁體中文化。

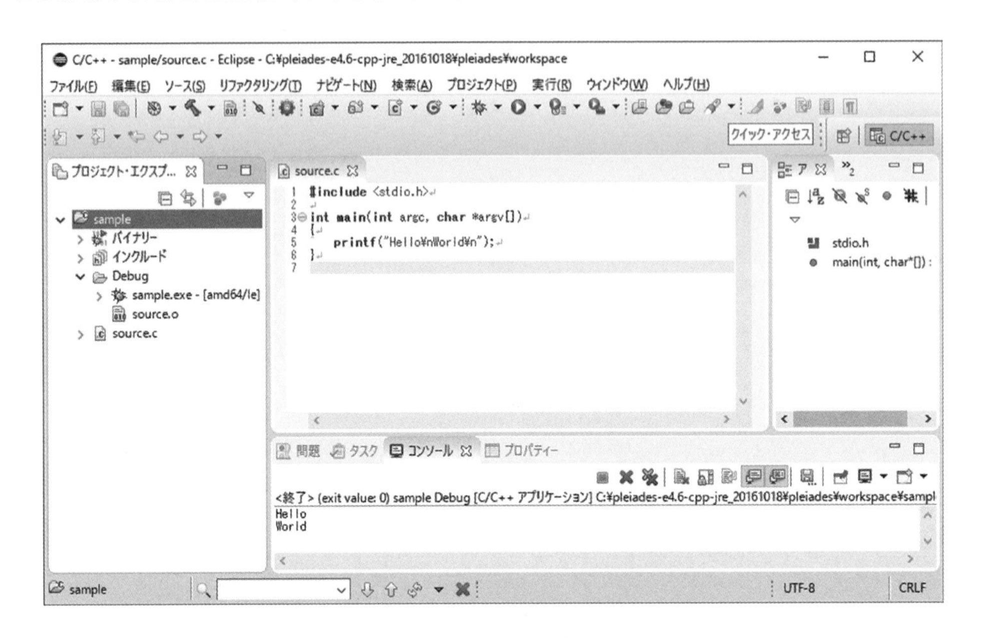

» XCode

XCode 是 Mac 上標準的開發環境。不僅是 C 語言的程式，也能使用 Objective-C 來開發 iPhone 等平台的應用程式。安裝 XCode 之後也會同時安裝 gcc，因此也能夠透過命令列（Terminal）來進行編譯。

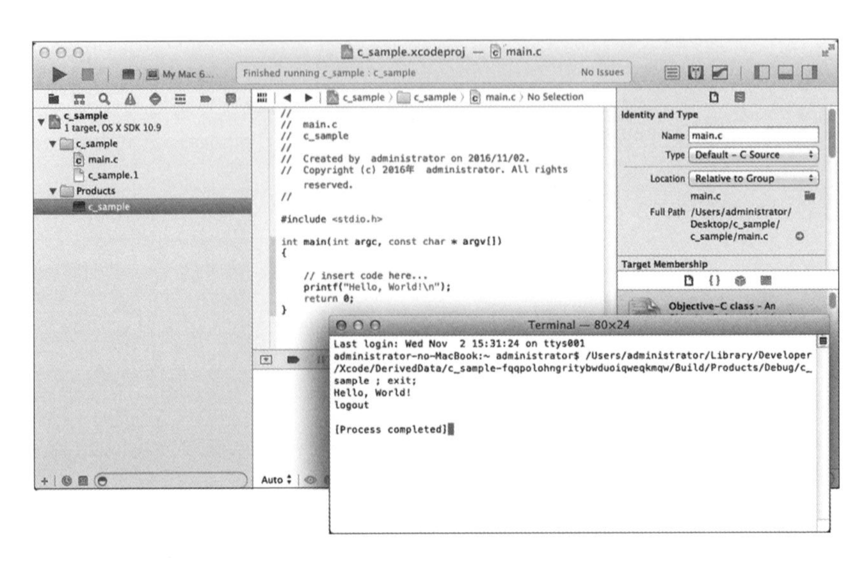

》線上編譯器

所謂線上編譯器是指可在網站上直接進行程式的編寫、編譯和執行等一連串程式設計作業，只需連結到特定網站後就能使用這方面的服務，英文稱為 Comparison of online source code playgrounds。因為只要擁有網路連線的環境並知道網站位址就能立即著手編寫程式，省去了必須先在電腦中安裝開發環境的步驟，讓任何人都能輕鬆體驗程式設計的世界，這是一大優點。

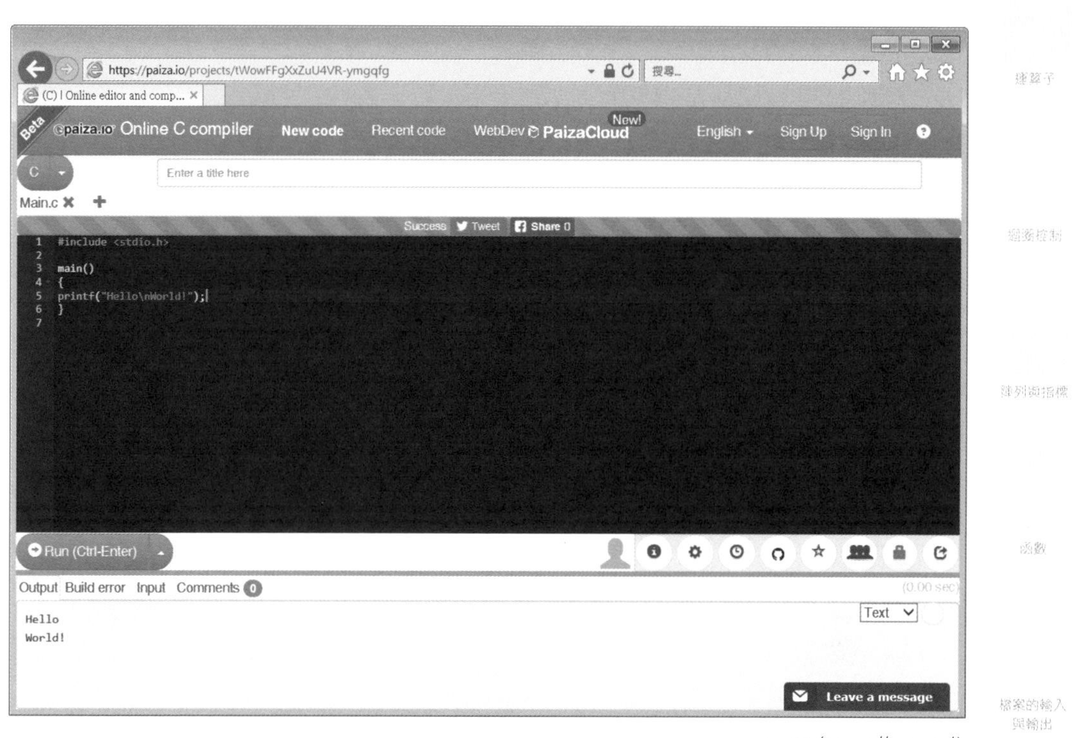

paiza.IO（https://paiza.io/）

隨著網站的不同，像是可以支援的程式語言、是否有繁體中文、介面的設計、能否儲存做出的程式、需不需要註冊、免費與否等，各方面都會有不同的差異，因此仔細觀看網站的相關說明，找到適合自己的線上編譯器吧！

Visual Studio 的基本教學

Visual Studio 是一款結合各種工具的整合開發環境（IDE），只需安裝這款軟體就能進行程式的編寫、編譯、除錯和執行等作業。

建立專案

若要透過 Visual Studio 編寫程式，首先必須建立「**專案**（project）」。

一個程式的誕生，往往是由多個原始程式檔建構而成，而整合管理這些原始程式檔的單位，就是**專案**。

啟動 Visual Studio 之後，依序點選「**檔案**」→「**新增**」→「**專案**」，接著在「**新增專案**」視窗裡依序點選「**已安裝**」→「**Visual C++**」→「**Windows Desktop**」→「**Windows 傳統式精靈**」。視窗下方的「**名稱**」可指定專案的名稱（也會成為可執行檔的名稱），若有必要也能變更建立專案的「位置」。

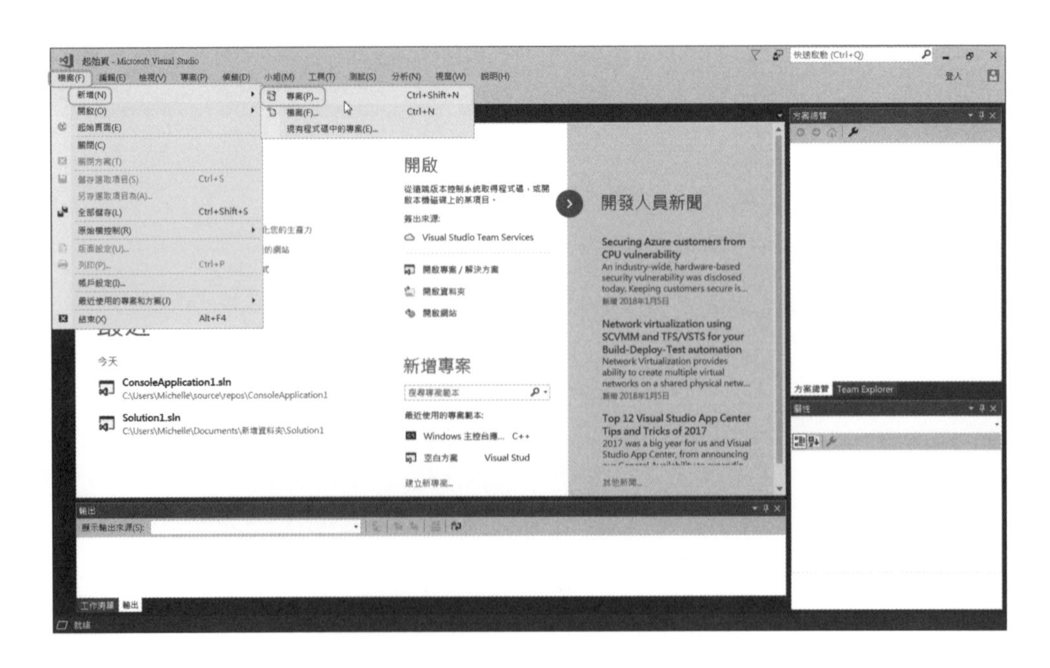

註：在此以 Visual Studio 2017 的界面做示範，您可以參考 9-32 頁的說明進行下載與安裝。

編註：若是在「**新增專案**」視窗裡的「**已安裝**」下找不到「**Visual C++**」…等項目，可先按下左側的藍字「**開啟 Visual Studio 安裝程式**」，開啟視窗後，勾選「**使用 C++ 的桌面開發**」，安裝 Visual C++ 相關套件，重新開機並啟動 Visual Studio 後，即可使用。

點選「**確定**」按鈕後，就會再彈出「**Windows 桌面專案**」的設定畫面，可以選擇應用程式類型等設定。在「**其他選項**」當中勾選「**空白專案**」欄位（雖然不勾選「**空白專案**」）也無妨，但會增加多餘的功能），接著按下「**確定**」鈕就會在指定的資料夾建立專案。

Windows 桌面專案

應用程式類型(T): 主控台應用程式 (.exe)

為下列項目新增通用標頭:
ATL(A)
MFC(M)

其他選項:
空白專案(E)
匯出符號(X)
先行編譯標頭檔(P)
安全性開發週期 (SDL) 檢查(C)

確定 取消

成功建立專案後，會看到如下的畫面。

在 Visual Studio 中，作業的單位稱之為「**方案**（solution）」，一個方案裡可以運用到多個專案。經過先前介紹的操作步驟建立專案後，當下會處於一個方案、一個專案和沒有原始程式檔的狀態。等到下次要再開啟時，依序點選上方選單列的「**檔案**」→「**開啟**」→「**專案 / 方案**」後，切換到先前設定的儲存資料夾並且點選方案檔 (*.sln) 來繼續編寫程式。

原始程式檔的建立

完成專案的建立後，下一個步驟是要在專案中建立 C 語言的原始程式檔。在畫面右側的**類別檢視**視窗中點選目標的專案名稱，接著在依序點選上方選單列的「**專案**」→「**加入新項目**」。

註：若沒有看到**類別檢視**視窗，請執行**檢視 / 類別檢視**命令，來顯示。

開啟「**新增項目**」視窗後，點選左側的「**Visual C++**」項目，再點選中央的「**C++檔**」。輸入檔案名稱（預設副檔名為 .cpp，在此請將副檔名改為 .c）再按下右下角的「**新增**」鈕，就會在專案中建立新的檔案。

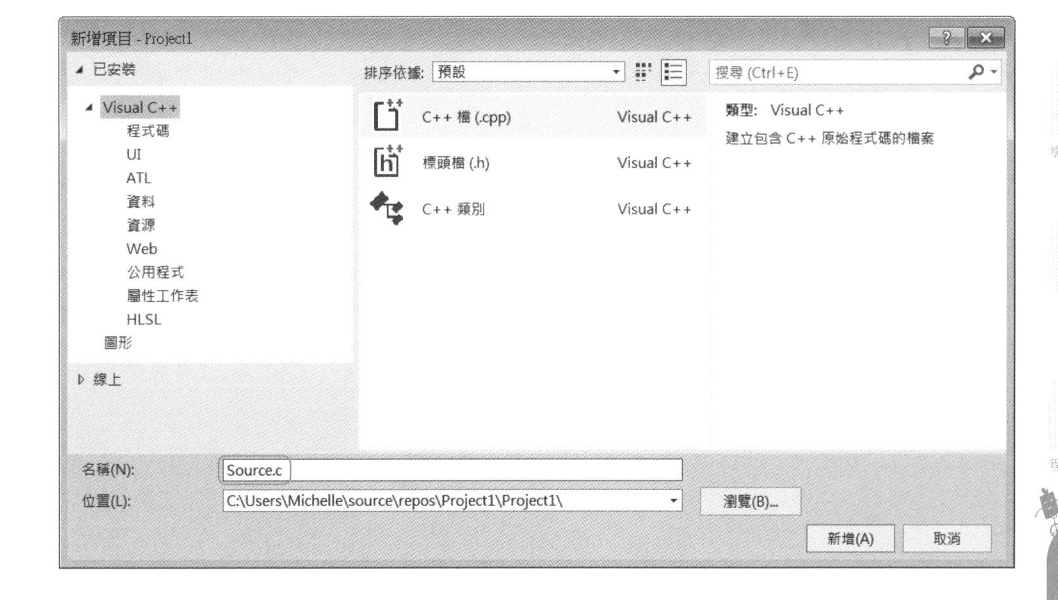

建立原始程式檔後，會直接處於開啟該檔案的狀態。

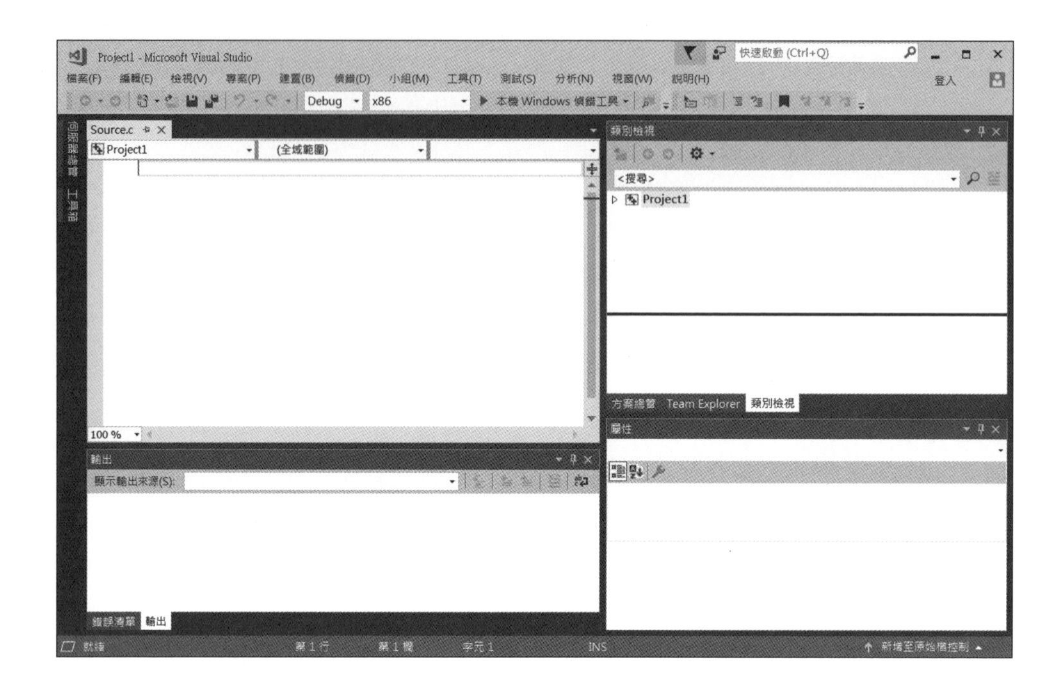

另外，當想要讓已有的檔案加入到專案當中，在畫面的**類別檢視**視窗中點選目標的專案名稱，接著在依序點選上方選單列的「**專案**」→「**加入現有項目**」。

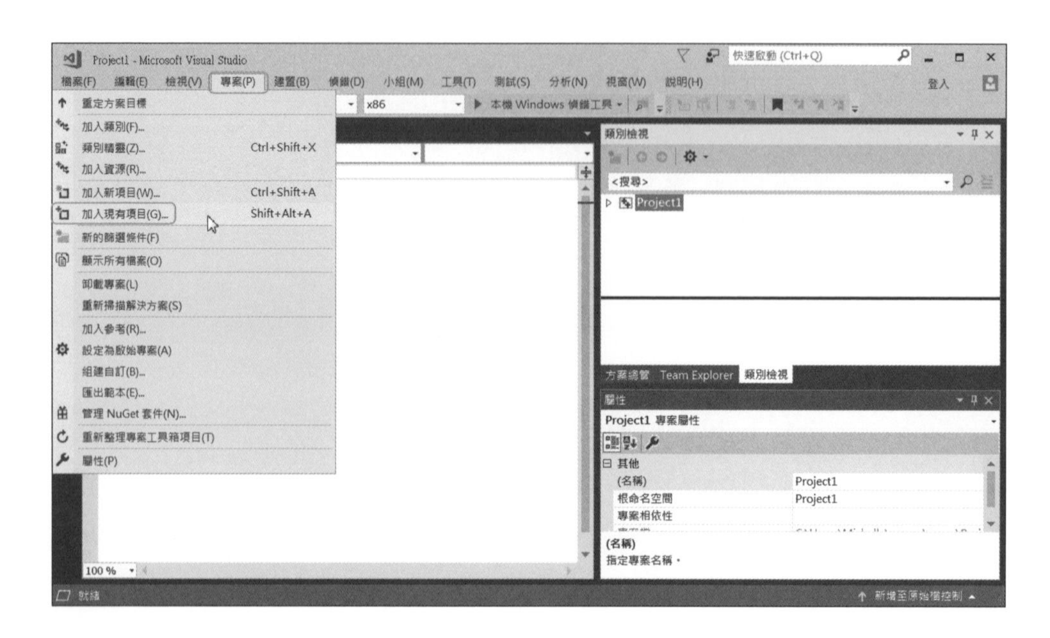

程式的編寫、建置、執行

接著可在建立的檔案中編寫程式碼，編寫完畢依序點選上方選單列的「**建置**」→「**建置方案**」，就會開始建置程式。以下方圖中的「Hello World!」為例，倘若程式編寫內容正確，下方的**輸出**視窗就會顯示「1 成功」，代表有 1 個處理程序正常結束。而若是有錯誤則會變成「1 錯誤」，**輸出**視窗會顯示錯誤訊息。另外，即使沒有出現錯誤，一旦內容有不推薦的編寫方式，也會以警告的形式向程式設計者報告。

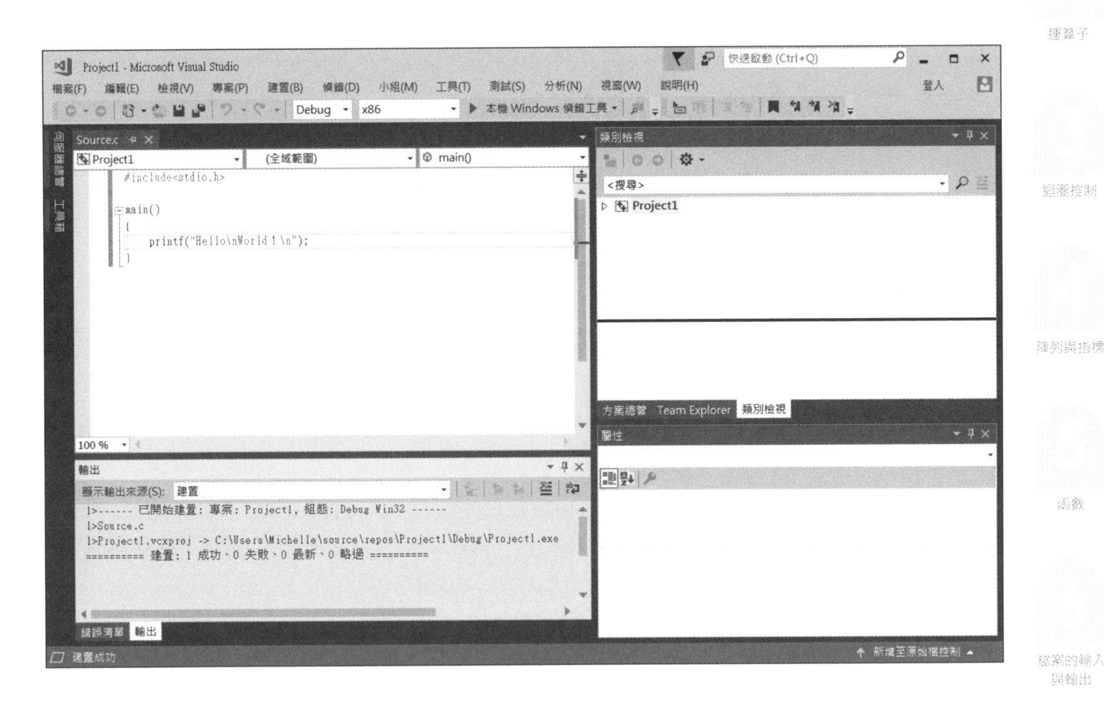

建置成功後就能執行程式。依序點選上方選單列的「**偵錯**」→「**啟動但不偵錯**」後，就會開啟**命令提示字元**視窗，並在裡頭執行程式。程式終止後會顯示「**請按任意鍵繼續 ...**」的訊息，只要按下任何按鍵就會關閉**命令提示字元**視窗。

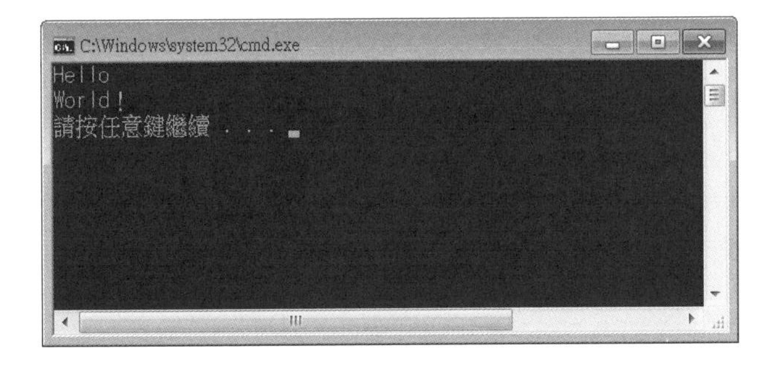

在「命令提示字元」視窗中執行程式

Visual Studio 會在先前指定的專案儲存位置中，將執行檔建立在「Debug」資料夾。舉例而言，倘若專案的儲存位置是在「F:\Project\Project1」，那麼 Visual Studio 就會在「F:\Project\Project1\Debug」當中建立執行檔「Project1.exe」。

執行檔會建立在「Debug」資料夾中

若要執行 Project1.exe，先透過 Windows 的**開始**功能表來開啟**命令提示字元**視窗，接著再執行「Project1.exe」(雖然也可以在 Windows 的資料夾直接執行，但顯示結果後視窗會瞬間關閉，無法看清楚畫面內容)。另外，若是執行關係到檔案操作的程式，也必須要留意執行的資料夾路徑位置。

在「命令提示字元」視窗中開發程式

截至目前為止，都是介紹透過 Visual Studio 的整合開發環境（IDE）來編寫程式的方法，但其實也能不透過整合開發環境來建置、執行程式。在這種情形下可用個人喜好的文字編輯器來編寫原始程式檔，再透過「**適用於 VS 2017 的開發人員命令提示字元**」來進行編譯。關於「**適用於 VS 2017 的開發人員命令提示字元**」，可以在**開始**功能表的「**Visual Studio 2017**」資料夾當中找到。

要在**命令提示字元**視窗中進行編譯，必須使用名為「cl.exe」的程式，而這個 cl.exe 正是編譯器的本體。以 **Source.c** 這個檔案為例，首先開啟**命令提示字元**視窗，並且移動到 **Source.c** 所在的資料夾，然後如下方所示輸入：

```
cl Source.c
```

之後，就會在同一個資料夾中建立可執行檔 **Source.c**。

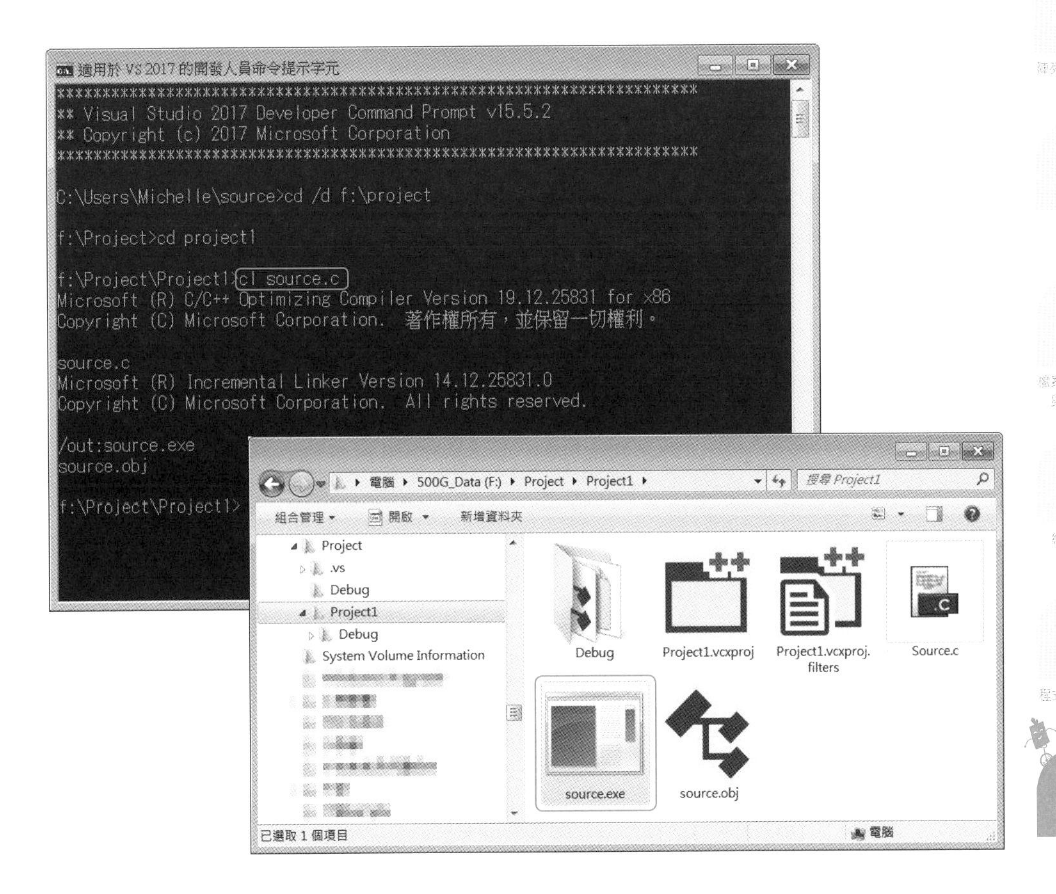

當要以多個檔案來建構程式時，與 gcc 同樣需要用到 makefile（格式方面與 gcc 不同）。

一般的除錯方法

程式設計必定會伴隨著錯誤（bug）的發生，俗稱「臭蟲」。當程式的運作不如預期就必須去除錯誤，這個作業就叫做「除錯 (debug)」。

錯誤的種類

在學習程式設計的過程中，最初碰到的考驗往往是在編譯時出現的錯誤問題。程式之所以無法順利完成編譯，像是語法錯誤（syntax error）、編譯的方法並不正確等，當中有許多的原因，而編譯器也會指出錯誤發生的地方。不過，C 語言編譯器所顯示的錯誤訊息相當「制式化」，哪怕僅僅只是一個地方出錯，任何無法與之後編寫內容整合的地方都會一一顯示錯誤訊息，是好是壞全看程式設計者個人的感受。不要被畫面上出現的大量錯誤訊息嚇到，仔細分析出到底哪個訊息才是錯誤發生的源頭並做修正，這是除錯的基本要訣。

那麼只要順利完成編譯作業就大功告成了嗎？答案是否定的。編譯過程沒有出錯並不代表編寫的程式完全正確，最辛苦的地方就是程式執行過程中的錯誤。所謂的「臭蟲（bug）」，通常是指這個部分的錯誤問題。像是程式在執行過程中終止的執行時期錯誤（runtime error）、沒有終止但程式運作變得很奇怪、雖然順利運作但最後呈現錯誤的結果等，有各種狀況。

舉例而言，「i = 3;」是將 3 指派到變數 i 的語法，不過一旦不小心將這個語法中的等號（=）寫成 2 個，而變成「i == 3;」之後，就會瞬間轉換成比較 i 與 3 是否相同的語法。雖然比較語法與當下想要編寫的程式內容並無關聯，但比較語法本身並無錯誤，所以編譯器並不會顯示出錯誤訊息，進而變成不會執行「將 3 指派到 i」這個處理程序的程式，背離原本的期望。

找出錯誤的訣竅

想要找出程式當中的錯誤，最基本的方法就是仔細檢查原始程式，再次確認編寫的程式內容是否符合自己內心所想的處理程序。倘若看過之後仍舊無法找出問題點，那就必須要仔細查看程式本身到底如何運作。

以下內容是在除錯時經常會使用的幾個手法，個別解說其目的與除錯方法。

分割處理程序

在 C 語言中的式子和內容編寫方式非常柔軟有彈性，雖然可以靠著個人的功力寫出非常深奧出眾的程式，但相對這點也會成為錯誤的溫床，因此適度地拆成不同部分來編寫吧！即便出現錯誤也比較容易鎖定問題發生的區塊。當發現很難看懂式子的用意，或是無法快速辨識運算的先後順序等狀況時，那就加上括號、嘗試實際指派變數等，搞清楚其中的意義，並且讓程式內容閱讀起來更簡潔清晰。

顯示結果或中途過程

光是執行程式，即便知道有錯誤在裡頭，有時很難確實找出問題點所在。對此情形，只要在原始程式中穿插「printf(" 已執行。\n");」這個原本並不需要的程式碼，就能夠知道該部分是在什麼時候執行。另外，只要顯示變數的值，就能夠知道當下變數的值為何。若是畫面的輸出內容和時機比較難看出端倪的應用程式，讓檔案執行過程的資訊儲存成記錄檔也是個有效的方法。

個別執行函數

因為 C 語言的處理單位是函數，所以應該會經常進行函數的測試。為函數指派各種參數並查看回傳值，就能夠知道該函數是否正常地運作。可以在編寫程式時將內容寫成能夠暫時改寫其中內容並立刻執行目標的函數，或者是獨立製作測試用的程式，再透過該程式呼叫想要測試的函數。

限制處理的流程

在尋找錯誤潛伏的過程中，有時條件判斷會妨礙檢查工作的進行。因為條件判斷會視狀況來改變程式的運作，這會讓錯誤更加難以辨別。碰上這樣的情形時，改寫條件式也是一個方法，這個方法在測試很少被執行到的部分時相當有效。

推測資料結構

當程式本身有複雜的演算法或資料結構時，有時會碰上與錯誤發生位置毫無關係之處的地方出現異常運作的情形，此時讓自己的腦袋運轉起來，想想「這個部分的記憶體是如何被使用的呢？」就現實的經驗來看，大多情形都是參考了陣列範圍外的元素，或是指標指向了錯誤的地方，才會造成錯誤的發生。雖然這方面的錯誤問題並不好找，但在有一定程度的高水準程式裡，錯誤的發生可說是家常便飯，因此學習程式語言的同時也要提升自己除錯的能力，才能讓技術確實提升。

Visual Studio 的除錯器

以 Visual Studio 為例來實際認識除錯器（debuger）。

除錯器的的運用

先前的內容裡介紹了變更原始程式來除錯的方法，這種除錯方式靠的是自身經驗與技術來找出錯誤源頭。然而一旦碰上大型的程式時，無論找出錯誤或改寫原始碼都會變成是一個非常費時費工的作業。

對此必須要藉助工具的力量，能夠輔助程式設計者除錯的工具就叫做**除錯器**，它與編譯器同為開發程式所不可或缺之物。以 Visual Studio 為例，大多數的開發環境都會一併推出編譯器與除錯器這兩項工具。

中斷點的設定

原始程式能夠在指定的位置讓程式的執行動作暫停，而所謂的**中斷點**（break point）就是指這個停止的位置。設定中斷點之後再執行程式，來到該處時就會讓程式停止。至於中斷點的設定方式，以 Visual Studio 為例，可以在原始程式的編輯畫面中直接設定中斷點，將游標移動到希望設定的行，接著按下 F9 鍵即可，再次按下 F9 鍵則可解除中斷點設定。另外，原始程式當中可以設置多個中斷點。當執行程式時，不要選擇一般的「執行」，而是選擇進行「除錯」（F5 鍵）。

變數的顯示與變更

在程式中途暫停時，能夠觀看當下變數的值。雖然與插入 printf() 有相同的功能，但中斷點的方式並不會改變原始程式，而且可以自由讓變數的值顯示。

透過中斷點讓程式停止後會開啟「**變數**」視窗，顯示出與停止位置相關的變數與它的值。若想讓變數的值持續顯示，可以用拖曳的方式新增到「**監看**（Watch）」視窗。在「**監看**」視窗中，除了變數外也能自由輸入式子，並且顯示出它的值。

逐步執行

可以讓原始程式以每行為單位來逐一執行程式的功能。只要使用這項功能，就能掌握程式實際上會如何運作，進而得知到了哪個點會終止。若是讓變數的值一併顯示，還能瞭解變數的值是如何變化。在面對有繁瑣條件判斷的程式等，這是個極為便利的功能。

在 Visual Studio 中共有 3 種逐步執行功能可自由選用。

不進入函式
（F10 鍵）

以原始程式的每行程式碼為單位逐步執行程式。

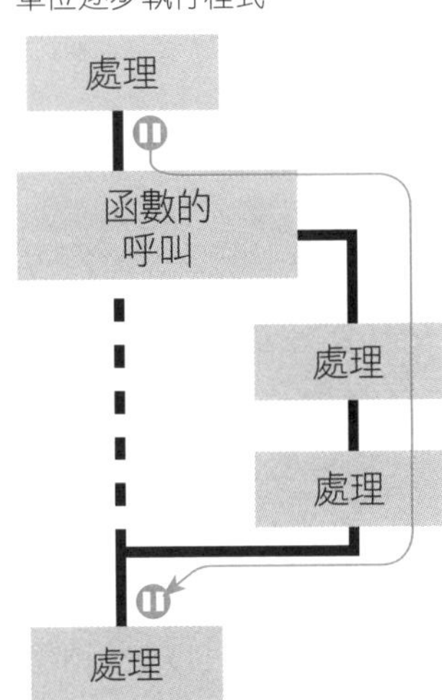

逐步執行
（F11 鍵）

當呼叫其他函數時，會進入該函數當中。

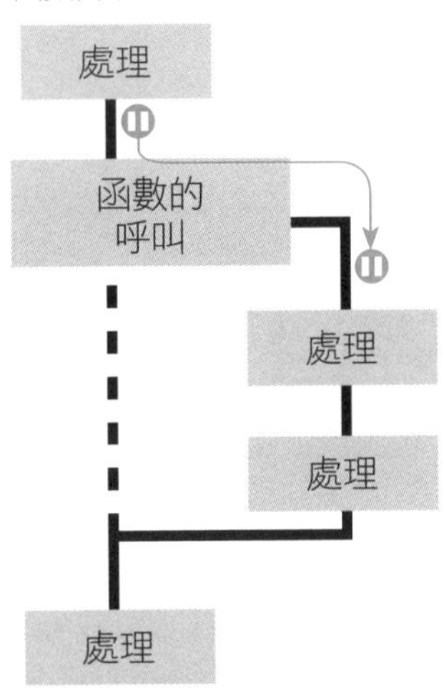

跳離函式
（Shift + F11 鍵）

跳出當下正在執行的函數。

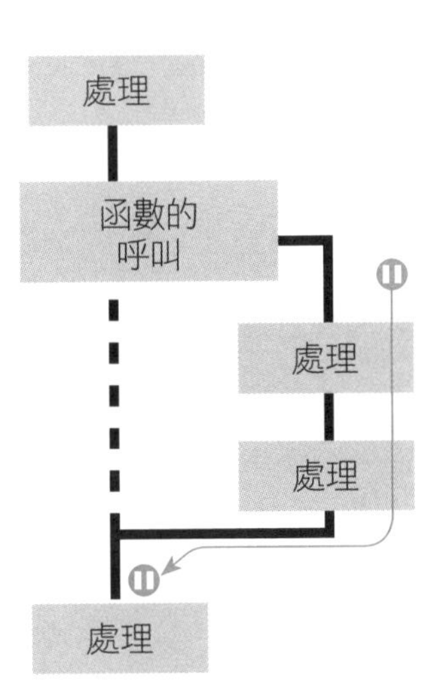

這些功能也能夠在**偵錯**列中透過按下按鈕的方式來執行。

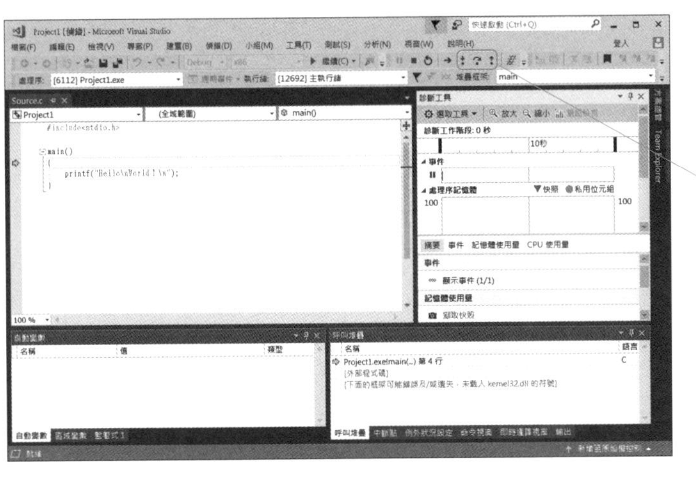

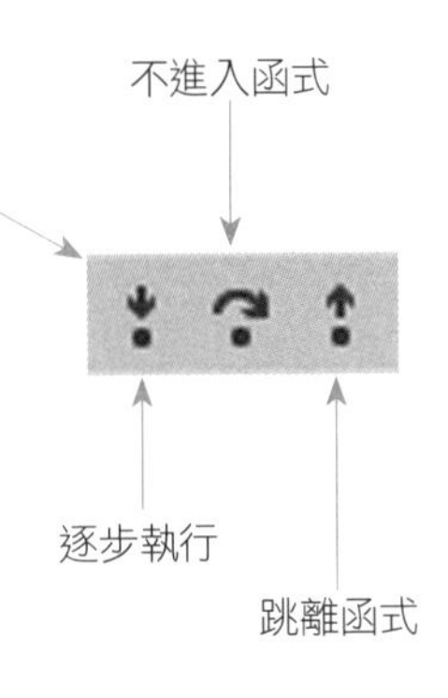

Visual Studio 的安裝方法

針對 Microsoft 推出的免費軟體開發套件 Visual Studio Community 2017，在此為讀者們說明下載與安裝的流程。

什麼是 Visual Studio 2017 ？

Visual Studio 是由 Microsoft 公司所提供的軟體開發套件（整合開發環境／ IDE）。使用者可以運用 C#、C++、Visual Basic、HTML、JavaScript 等各種程式語言來開發 Windows 用的應用程式或網路應用程式。而在最新版的 Visual Studio 2017 上，除了 Windows 的應用程式外，還能開發在 iOS、Android 和 Linux 各個 OS 上執行的程式。

另外，Visual Studio 2017 也針對不同的開發規模和用途推出了不同的版本。這裡就針對其中的「**Visual Studio Community 2017**」來介紹下載與安裝的方法。Visual Studio Community 本身是為個人開發人員、以學習或研究為目的的組織、開發人員在 5 名以下的中小企業等所提供的免費版軟體開發套件。另外，每個版本提供的訂閱者權益和訂閱價格也都有所不同，在下載之前請先確認相關資訊。

Visual Studio 2017 的安裝流程

這裡是以本書出版前（2018 年 1 月）的 URL 與網頁內容進行解說。

≫ 安裝程式的下載

首先前往 Microsoft 的官方網站下載安裝程式。

```
https://www.visualstudio.com/zh-hant/downloads/
```

以上述網址連結至產品下載網頁後，就會顯示右頁上方的畫面，接著點選最左邊的「**Visual Studio Community 2017**」區塊中的「**免費下載**」就會自動下載安裝程式。或者也可以捲動到下方網頁並點選產品一覽當中的「**Visual Studio Community 2017**」。

接著，在最底下的提示訊息中按下「**儲存**」鈕，就會自動下載安裝程式。

» 安裝 Visual Studio

下載完成後，按下畫面中的「開啟資料夾」鈕，並執行安裝程式。

按下「**開啟資料夾**」鈕

雙按此安裝程式，開始安裝

接著會出現如下頁的畫面，請切換到「**工作負載**」頁面，勾選「**使用 C++ 的桌面開發**」項目，並按下「**安裝**」鈕，就會切換到安裝畫面。或者也可以切換到「**個別元件**」的畫面自訂安裝元件，如下頁的圖所示。

勾選「**使用 C++ 的桌面開發**」項目

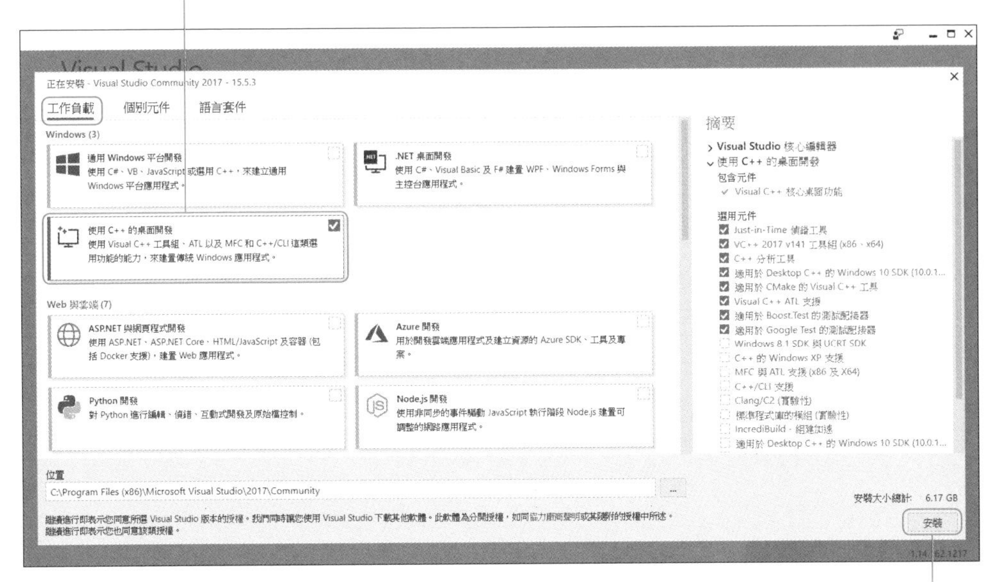

按下**安裝**鈕

在上圖中切換到「**個別元件**」後，會顯示如下的畫面，確認「**開發活動**」的「**Visual Studio C++ 核心功能**」是否已勾選，在右側的「**摘要**」確認安裝內容，若沒有問題就按下「**安裝**」鈕。

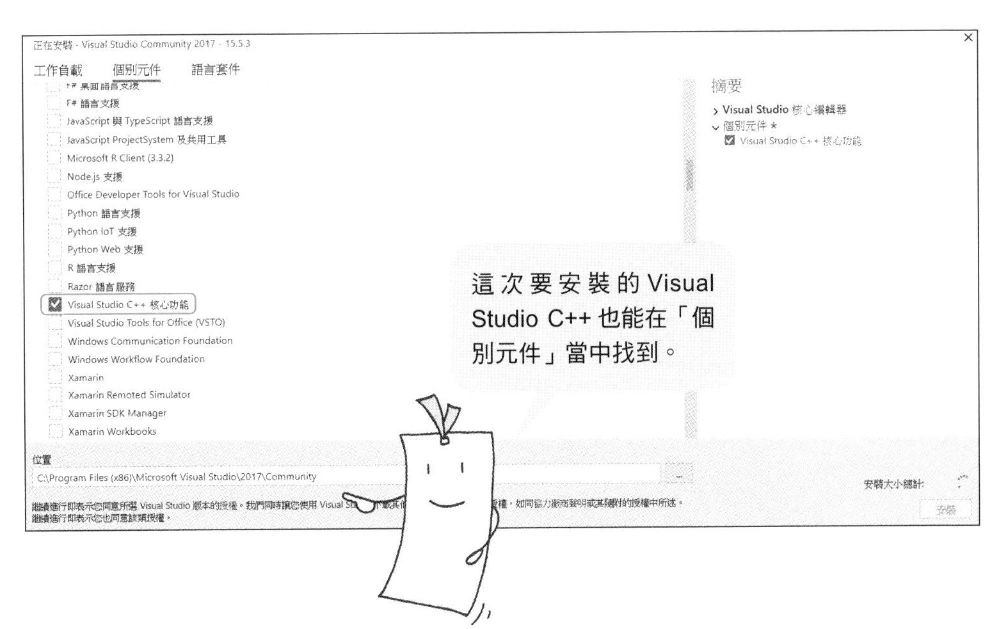

開始安裝程式，安裝時間長短會隨作業環境而有差異。

Visual Studio

產品

已安裝

Visual Studio Community 2017
正在取得 Microsoft.Icecap.Analysis.Resources.Targeted
30%
正在套用 sqlsysclrtypes
20%
取消

可用

Visual Studio Enterprise 2017
15.5.3
Microsoft DevOps 解決方案，適用於任何規模小組間的產能及合作
授權條款 | 版本資訊
安裝

Visual Studio Professional 2017
15.5.3
適合小型團隊使用的專業開發人員工具與服務
授權條款 | 版本資訊
安裝

檔案安裝中，在此會顯示安裝進度

安裝完成。點選**啟動**來啟動 Visual Studio Community 2017。

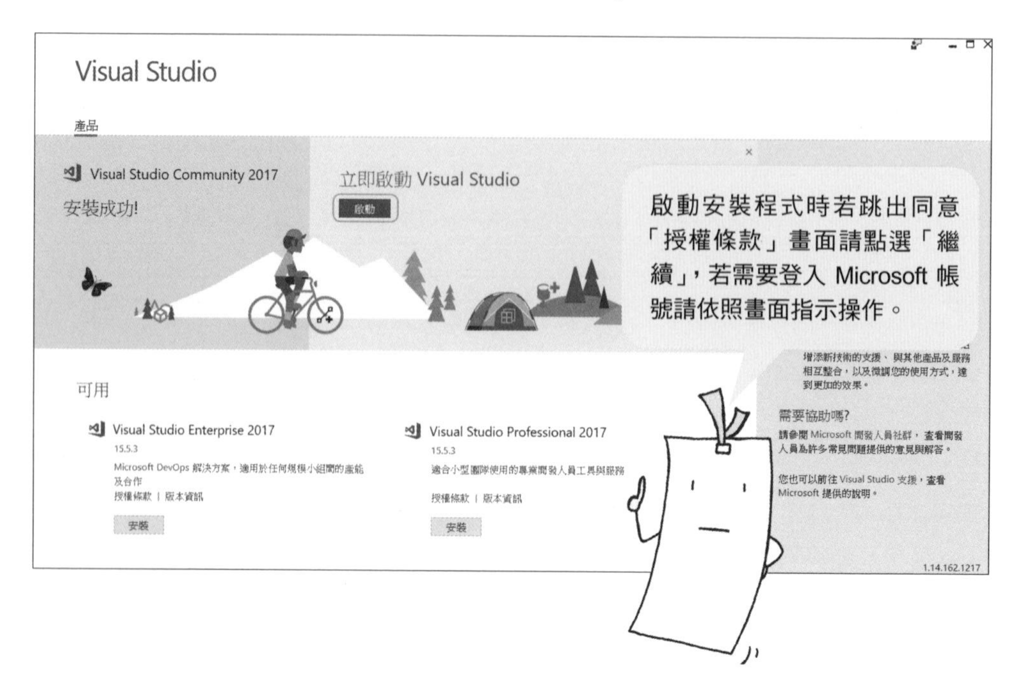

之後要再度開啟時，只要按下「**開始**」鈕，點選「**開始**」功能表中的應用程式名稱，就能啟動 Visual Studio Community 2017。

MEMO

旗 標 FLAG

好書能增進知識　提高學習效率　卓越的品質是旗標的信念與堅持

旗 標 FLAG

http://www.flag.com.tw